本书获长春师范大学学术专著出版计划项目支持

方程组解的可信计算

黄大勇　侯国亮　著

吉林大学出版社

·长　春·

图书在版编目(CIP)数据

方程组解的可信计算 / 黄大勇，侯国亮著. —长春：吉林大学出版社，2023.11

ISBN 978-7-5768-2758-3

Ⅰ. ①方… Ⅱ. ①黄… ②侯… Ⅲ. ①方程组—数值计算 Ⅳ. ①O122.2

中国国家版本馆 CIP 数据核字(2023)第 242095 号

书　　名：**方程组解的可信计算**
　　　　　FANGCHENGZUJIE DE KEXIN JISUAN

作　　者：黄大勇　侯国亮
策划编辑：黄国彬
责任编辑：甄志忠
责任校对：陈　曦
装帧设计：姜　文
出版发行：吉林大学出版社
社　　址：长春市人民大街 4059 号
邮政编码：130021
发行电话：0431—89580036/58
网　　址：http://www.jlup.com.cn
电子邮箱：jldxcbs@sina.com
印　　刷：天津鑫恒彩印刷有限公司
开　　本：787mm×1092mm　1/16
印　　张：8
字　　数：140 千字
版　　次：2025 年 1 月　第 1 版
印　　次：2025 年 1 月　第 1 次
书　　号：ISBN 978-7-5768-2758-3
定　　价：58.00 元

前 言

方程组解的可信区间是指对于给定的方程组，通过数值计算方法，得到一个包含真实解的区间范围。这个区间表示解的不确定性或误差范围，可以提供对解的可信度的度量。不确定性分析是研究模型或数据不确定性对结果的影响的方法。在方程组求解中，不确定性可以来自各种因素，如测量误差、参数估计误差或模型假设的不完整性。不确定性分析可以通过概率论、统计学或随机过程等方法来进行。数值计算方法是用于数值求解方程组的算法和技术。它们基于数值逼近和迭代的原理，通过在离散区间内进行计算，逐步逼近真实解。常见的数值计算方法包括高斯消元法、迭代法(如雅可比法或高斯-赛德尔法)以及拟牛顿法等。在可信区间的计算中，通常会将方程组表示为带有参数的形式，其中参数表示不确定性或变化范围。参数可以是数据误差、输入变量的范围或模型参数的范围。通过在参数空间内进行数值计算，可以得到参数对应的解的范围，从而获得解的可信区间。敏感性分析是研究方程组解对于参数变化的敏感程度的方法。通过敏感性分析，可以确定哪些参数对解的不确定性具有更大的影响。这有助于确定在方程组解的可信区间计算中需要关注的关键参数。总之，方程组解的可信区间的理论通过考虑不确定性和参数范围，在数值计算过程中获得解的范围，从而提供对解的可信度的度量。

方程组解的可信计算是根据方程组解的存在定理，运用区间数学理论，构造算法严格计算方程组解的包含区间，对工程领域中的风险控制和稳定性非常重要。本书研究方程组解的可信计算理论和算法，就一般的非线性方程组，一是使用区间的中点半径表示法，对当前主要的可信计算方法进行改进，二是根据坎托罗维奇(Kantorovich)存在定理，提出新的可信计算算法。还就两类特殊的方程组，分别利用其特殊性质和特殊结构，提出新算法和改进现有算法。研究表明，本书提出或改进的算法既能严格计算出宽度更窄的包含区间，还能节约计算时间。

本书共分为七章。第1章简要介绍可信验证方法的基本理论及其研究背景和意义，代数方程组的可信验证问题的研究历史与现状，以及本书的结构和主要工作。第2章内容首先扼要介绍区间算术和区间分析的基本概念以及有关结论。其次简述鞍点线性方程组的基础知识及其强大的实际应用背景。第3章研究利用不动点定理和Krawczyk区间算子建立非线性方程组解的可信验证方法及其具体计算机实现的问题。第4章考虑应用Kantorovich存在定理验证非线性方程组解存在的具体计算机实现问题。第5章全面详细地讨论了鞍点线性方程组的可信验证问题。第6章就实用性强的序凸函数型非线性方程组，根据其特殊性质提出了计算量小、计算过程简单的可信验证方法。第7章，通过对代数方程组解的可信验证方法的建立与实现进行全面的总结和深入研究，提出了对研究方向的一点展望。本书由两位作者共同完成，其中黄大勇撰写110千字，侯国亮撰写30千字。

目前的可信区间方法主要针对单变量或者单目标问题。然而，实际问题中常常涉及多维度变量或者多目标的情况。未来的发展方向之一是改进现有方法，提高可信区间的计算效率和准确性。方程组解的可信区间是一个具有挑战性和前景广阔的研究领域。随着技术和理论的不断进步，相信未来可信区间计算方法将更加精确和高效，为解决复杂实际问题提供更可靠的支持。方程组解的可信区间可用于评估模型的可靠性和不确定性。例如，在物理学中，解的可信区间可以用于对实验数据进行拟合，估计物理常数的范围。在环境科学中，解的可信区间可以用于评估模型对不确定环境因素的响应。方程组解的可信区间也可以用于设计参数的选择与优化。通过考虑解的可信区间，工程师可以更好地了解设计的准确性和风险，从而做出更合理的决策。例如，在结构工程中，解的可信区间可以用来评估结构的安全性和可靠性。方程组解的可信区间还可用于医学诊断和治疗决策的支持。通过考虑解的可信区间，医生可以更好地评估诊断结果的准确性和患者的健康状况，从而做出更精确的诊断和治疗计划。总之，方程组解的可信区间在各个领域中都有重要的应用价值。通过考虑解的不确定性和误差范围，可信区间可以提供更强大的决策支持和风险评估能力，有助于提高问题解决的准确性和可靠性。

非常感谢长春师范大学学科建设办公室对本专著的支持。同时也感谢各位读者对本书的厚爱，我们将不懈地努力为大家提供更丰富、更优质、更前沿的科学研究内容。

黄大勇　侯国亮

2023 年 11 月

符号说明

符号	含义
$\mathbf{N}$	非负整数集合
$\mathbf{R}$	实数集合
$\mathbf{F}$	浮点数集合
$\mathbf{R}^n$	n 维实向量的集合
$\mathbf{R}^{n\times n}$	n 阶实矩阵的集合
$\mathbf{R}^{n\times n\times n}$	n 阶三维实矩阵(即立方体矩阵)的集合
$\mathbf{IR}$	实区间的集合
$\mathbf{IR}^n$	n 维实区间向量的集合
$\mathbf{IR}^{n\times n}$	n 阶实区间矩阵的集合
$\mathbf{I}(D)$	区域 D 上所有有界区间向量的集合，$D\in\mathbf{R}^n$
$[a, b]$	分别以实数 a、b 为上、下端点的实区间，$a\leqslant b$
x，y，$z\cdots$	实数或实向量
A，B，$C\cdots$	实矩阵
$\boldsymbol{x}$，$\boldsymbol{y}$，$\boldsymbol{z}\cdots$	实区间或实区间向量
$\boldsymbol{X}$，$\boldsymbol{Y}$，$\boldsymbol{Z}\cdots$	实区间矩阵
f	非线性函数或非线性映射
$\boldsymbol{f}$	区间值函数或区间值映射
$\hat{x}$	方程组的准确解
$\tilde{x}$	方程组的数值解(近似解)
J_f	非线性映射 f 的雅可比(Jacobian)矩阵

符号	含义
∇f	非线性函数 f 的梯度(向量)
H_f	非线性函数 f 的海森(Hessian)矩阵
f'	非线性映射 f 的一阶导数
f''	非线性映射 f 的二阶导数
$x \geqslant 0$	元素均为非负数的向量，即非负向量
$x > 0$	元素均为正数的向量，即正向量
$A \geqslant 0$	元素均为非负数的矩阵，即非负矩阵
$A > 0$	元素均为正数的矩阵，即正矩阵
x^{T}	向量 x 的转置(向量)
A^{T}	矩阵 A 的转置(矩阵)
A^{-1}	矩阵 A 的逆(矩阵)
$\widetilde{A}^{-1}$	矩阵 A 的数值近似逆
$\rho(A)$	矩阵 A 的谱半径
$\sigma_i(A)$	矩阵 A 的第 i 个奇异值
$\lambda_{\min}(A)$	实对称正定矩阵 A 的最小特征值
I_n	n 阶单位矩阵
$\\|\cdot\\|$	某种向量范数或某种矩阵诱导范数(算子范数)
$\mathrm{mid}\,\boldsymbol{x}$	区间 $\boldsymbol{x}$ 的中点
$\mathrm{rad}\,\boldsymbol{x}$	区间 $\boldsymbol{x}$ 的半径
$\mathrm{wid}\,\boldsymbol{x}$	区间 $\boldsymbol{x}$ 的宽度(直径)
$\{x^{(k)}\}_{k\in\mathbf{N}}$	点序列 $x^{(0)}$，$x^{(1)}$，$x^{(2)}$，…
$\{\boldsymbol{x}^{(k)}\}_{k\in\mathbf{N}}$	区间序列 $\boldsymbol{x}^{(0)}$，$\boldsymbol{x}^{(1)}$，$\boldsymbol{x}^{(2)}$，…
$U(\widetilde{x}, \delta)$	的 δ- 领域，$\widetilde{\boldsymbol{x}} \in \mathbf{R}^n$，$\delta > 0$
$\varnothing$	空集
$\otimes$	克罗内克(Kronecker)积
$x \cdot y$	x，y 的向量内(点)积
e	元素均为 1 的列向量

目　录

第1章 绪 论

随着计算机技术的迅猛发展和数值分析理论的日趋完善，当今的数值方法一般情况下能给出与准确解(简称解)无限靠近的近似解(又称数值解)，但由于问题的病态性、数值算法的稳定性和计算机运算字长的有限性等因素，使得我们在实际计算中无法知晓近似解与准确解的靠近程度，所以在某些领域里近似解是“不可靠”的，进而就“不敢使用”。比如在线性方程组的求解问题中，有着残差向量范数很小的数值解未必就是准确解的好的近似；再比如算术表达式[1]

$$f = 333.75b^6 + a^2(11a^2b^2 - b^6 - 121b^4 - 2) + 5.5b^8 + \frac{a}{2b}$$

的准确值是 $f = -0.827\ 386\cdots = a/2b - 2$，其中 $a = 77\ 617$ 和 $b = 33\ 096$。但是，其在尾数分别为八位十进制数(单精度)、十七位十进制数(双精度)和三十四位十进制数(扩展精度)的浮点计算机上的计算结果却为

$$f \approx 1.172\ 603\cdots$$

$$f \approx 1.172\ 603\ 940\ 053\ 1\cdots$$

$$f \approx 1.172\ 603\ 940\ 053\ 178\cdots$$

因此，对于给定的一个求解问题，找到它的准确解才是最好的选择，也是人们永恒的追求目标。当然，借助计算机和浮点运算获得所求问题的准确解往往是十分困难的，是一个NP难问题。幸运的是，可信验证方法及其相关理论的出现，使得借助计算机和浮点运算给出一些数学问题的准确解成为可能。除此之外，可信验证方法还可以解决数值方法几乎不能完成的、但却有

着重大现实意义的工作，比如，洛伦兹力的存在证明[2]，这是一个长期困扰动力系统专家的实际问题，在 Steve Smale[3] 提出的新千年问题中，还有著名的开普勒猜想[4-5]（即最密集包装球体方案猜想）的证明等。所以，可信验证方法及其有关理论一经出现，就受到了广大科学工作者和工程计算专家们的大力推崇和广泛应用，相关研究及结果如雨后春笋般出现，并在化学、结构工程、经济、控制电路设计、光电物理学、全局优化、约束满足、小行星轨道、火箭、信号处理、计算机图形学和行为生态学等众多领域得到越来越广泛的应用。

代数方程组的可信验证问题，又称为代数方程组的解存在性检验，是可信验证研究课题中的最基本问题之一。这类问题来源于科学及工程计算的许多领域，比如火箭喷口受力分析、核磁共振仪设计、机床数控系统等高风险应用领域中的很多问题最终都要归结为非线性方程组解的可信验证问题；再比如 Stokes 方程的求解、约束与加权最小二乘估计、约束优化、电磁方程的计算，电力系统与网络构造，计算机图形学的网格生成等具体问题，最终也要转化成线性方程组解的计算与验证问题。因此，研究、发展和完善代数方程组解的可信验证方法及其具体的算法实现程序具有重要的理论意义和很高的实用价值。

本书主要研究代数方程组解的可信验证方法及其具体的算法实现程序。本章简要介绍可信验证方法的基本理论及其研究背景和意义，代数方程组的可信验证问题的研究历史与现状，以及本书的结构框架和主要工作。

1.1 可信验证方法概述

可信验证是利用计算机和浮点运算来证明某个具体问题在某确定界限内存在解的一种方法，是计算机技术发展到一定水平的产物，属于计算机辅助证明范畴。可信验证具体指的是，对于给定的一个求解问题，基于某数学结论（与所求问题密切相关），从一组初始数据（多数情况下是所求问题满足一定精度的数值解及其相关数据）出发，使用特定的运算工具（即区间算术），借助专门的计算机软件(比如 INTLAB)，设计算法程序，最终给出包含所求问题准确解的一个最好可能的区间量(即区间、区间向量或区间矩阵)。本书把这个包含所求问题准确解的最好可能的区间量称为解的闭包含。

可信验证是涉及数学理论、计算机编程和区间算术等诸多方面的一个复杂的实践过程，其中数学理论是可信验证的理论基础和核心，计算机编程是可信验证具体实现的关键，而区间算术是可信验证可靠性的保障(即用以确保验证的整个过程和结果都是数学意义上严格的)，三方面共同作用，相互影响，缺一不可。数学结论(理论)要完全根据给定的具体求解问题来确定，但必须充分考虑到区间量的使用和区间运算的特点，还要考虑到算法程序编写的可行性。算法程序必须要紧紧围绕数学结论来设计编写，但还需要十分注意验证算法编程技巧的使用，否则，验证必定失败。这些技巧首次于 1980 年出现在 Rump 的博士论文[6]中。它们是使用区间迭代序列改进包含解的区间量、采用 ε- 膨胀技术微调包含解的区间量和用包含误差(即近似解与准确解的差)的区间量替换包含解的区间量。而区间运算因为有过高估计的不足，所以对区间算术方面的要求就是，在完全确保验证过程和结果是数学严格的前提下，尽可能通过减少区间量的使用来降低区间运算的过高估计，进而保证可信验证的顺利进行并最终获得最好可能的结果。这也就是说，无论哪一方面没有考虑周全、没有做到位，都会导致可信验证的失败。另外，大多数可信验证的成功与否还十分依赖于给定的初值(即待求问题满足一定精度的数值解及其相关数据)，若初值的近似程度好，则验证成功的可能性大；否则，就需要利用有关的数值方法来提高近似解的精度，以确保再次验证的成功。一句话总结，可信验证是构造性的，结果是数学意义上严格的。

可信验证方法的适用范围是适定问题。所谓的适定问题，指的是该问题有唯一解，并且此解连续依赖输入数据[7]，即此解的性质不会因为输入数据的微小扰动而发生本质改变，也即输入数据的微小扰动不会影响到此解的性质。比如，矩阵非奇异性的证明是可信验证方法最典型的应用之一。然而，矩阵奇异性的证明却超出了可信验证的范围。因为对于一个奇异矩阵，其元素做一个微小的扰动，就可能导致扰动后的矩阵变为非奇异矩阵。因此，对于非适定问题(也即奇异问题)的可信验证，主要是采取正则化的方法，即将非适定问题(即奇异问题)转化为适定问题(也即非奇异问题)进行验证。

可信验证方法理论自诞生之日起至今,一些不平凡的、困惑人类已久的、实际应用背景广泛的数学问题已由可信验证方法圆满解决。比如,除前文提到的洛伦兹力的存在证明和著名的开普勒猜想的证明外,还有著名的双泡猜想的证明、混沌存在的验证、具有 Blasius 轮廓的奥尔 - 索末菲(Orr-Sommerfeld)方程组的不稳定性验证、热对流问题解的存在性验证、费根鲍姆(Feigenbaum)常数的被验证界的计算、Sturm-Liouville 问题基本光谱条件下的特征值存在验证、涡轮的特征频率问题的验证、电路模拟仿真程序的验证、康斯坦茨湖的极端洋流问题、森林规划问题、全局优化问题、源于哈密顿动力系统的小除数问题的计算机辅助证明、物质稳定性的计算机辅助证明、Kolmogorov-Arnold-Moser(KAM)边界策略及其实现的精准确定、原子能下界的严格确定等。关于这些问题及其证明的详细介绍,请参见文献[8-18]。另外,在应用可信验证方法证明洛伦兹力存在的基础上,Tucker[19]又在动力系统领域的发展和应用方面做出了更大更有意义的贡献。

从历史上看,可信验证及其方法理论的发展主要经历了三个阶段。

第一阶段(1931—1956 年):引入区间运算。Young[20],Dwyer[21] 及 Warmus[22] 等许多科研工作者均先后分别就各自研究领域定义了区间运算,但都没有就计算机实际执行区间运算问题明确给出结果区间端点的舍入规则,从而也就没有与区间及其运算有关的任何实际应用。

第二阶段(1956—1977 年):利用区间算术理论解决具体问题。1956 年,Sunaga[23] 在其硕士论文中介绍了包括区间量的两种表示形式(即上下端点表示形式和中点半径表示形式)、区间四则运算的定义、区间运算的次分配律(2.1.2)、区间四则运算的包含单调性(2.1.8)、区间值函数及其包含原则(2.1.12)、计算机执行区间四则运算的端点向外舍入规则(即用不大于实际结果区间下端点的最大浮点数作为计算结果区间的下端点,用不小于实际结果区间上端点的最小浮点数作为计算结果区间的上端点)、如何使用区间运算及其性质严格精准界定基本初等函数的值域、求解非线性方程(组)的区间牛顿迭代格式(2.1.9)、应用辛普森规则严格计算定积分的误差界、采用逐步精确化方法计算常微分方程(组)的验证的解闭包含等在内的区间算术的几乎全部的基本概念以及有关结论和若干具体应用，但由于其论文是用日语写成的，并且很难得到，所以在当时并未引起人们的注意。虽然到了1958年，Sunaga[24]又用英语总结了自己的一些研究成果并发表，但由于发表的期刊不出名，所以还是没有引起太多人的关注。直到1962年，Moore[25]的博士论文发表后，区间算术理论才开始流行，并逐步得到了广泛的关注、研究和应用。其中，有关区间算术理论最经典最成功的应用之一就是非线性方程(组)的区间迭代解法(也称为区间牛顿迭代法)的建立。这类新型迭代解法的最大特点就是，在每次迭代过程中产生了解的界限，从而不仅取得了解的近似，同时亦取得了相应的误差。显然，一般点迭代法不具备该特点。该方法及其收敛性与收敛速度分析首先由Moore[26]在1966年给出，其后，Hansen、Nickel、Krawczyk以及Moore等，对区间牛顿法又作了许多推广与改进，使区间迭代法从理论与实践上更趋完善。1967年，Hansen与Smith[27]通过预处理技术极大地降低了区间运算的过高估计。随后，Krawczyk[28]和Alefeld与Herzberger[29]利用区间运算及其性质解决了一些非平凡的数学问题。

第三阶段(1977年至今)：利用区间算术理论进行可信验证。1977年，Moore[30]在研究非线性方程组的区间迭代解法的基础上提出了非线性方程组的解存在性检验问题，这是区间算术理论从一般性应用过渡到可信验证的里程碑性的工作。自此，可信验证这一新型研究课题得到了越来越广泛的关注和应用，发展进入了快车轨道，在理论和算法两方面均取得了一系列重要成果。

当前，不动点定理是可信验证常要用到的一类数学定理。一是因为用于复杂问题可信验证的数学结论只能基于不动点定理获得；二是因为基于不动点定理导出的数学结论特别适合区间量及其运算的使用，也特别适合编程上机验证。具体应用情况是，有限维问题用布劳威尔(Brouwer)不动点定理，无限维问题用绍德尔(Schauder)不动点定理[31]。

基于不动点定理导出的可信验证方法给出的解的闭包含是最窄的，但由于该类验证方法的检验条件是用一个区间上所有点的信息刻画的，所以该类验证方法需要使用高精度的初值才能验证成功。另外，该类验证方法没有承袭性，即在验证过程中，如果因为初值精度低导致验证失败，需要通过提高初值精度再次进行验证时，该类验证方法在新的验证步中不能利用上个验证步中的全部或部分运算结果以降低运算量，而是需要重新计算当次验证所需的全部数据信息。该类验证方法的适用对象是一般的非线性方程组。

除上述的不动点定理外，也有好多不是基于不动点定理导出的数学结论被用于问题的可信验证中，比如有关误差界的数学结论、Kantorovich 存在定理、α- 理论等。

相对于不动点定理导出的可信验证方法，基于这三类数学结论建立的可信验证方法的一个最大特点就是，它们的检验条件都是基于一点的信息进行刻画的，所以这些验证方法对于精度较低的初值也能验证成功。除此共同点之外，它们又有各自的特点和优缺点，其中基于 Kantorovich 存在定理建立的可信验证方法，经我们研究发现，虽然给出的解的闭包含没有不动点型可信验证方法的窄，但它对应的可信验证算法却具有承袭性的优势，即在验证过程中，如果因为初值精度低导致验证失败，需要通过提高初值精度再次进行验证时，该验证算法在新的验证步中可以利用上个验证步中的部分运算结果以降低运算量。另外它还拥有和不动点型验证方法一样的适用对象。因为基于误差界结论建立的可信验证方法主要是为了解决线性方程组的可信验证问题，所以该类验证方法和上述两类验证方法没有可比性。又因为线性方程组的系数矩阵和右端项是可信验证所需的主要数据信息，所以不必关注该类验证方法的承袭性。而由于基于 α- 理论建立的可信验证方法的适用对象是解析类函数，而且还要涉及更高阶导数，所以该验证方法与其他三类可信验证方法没有一丁点可比性，属于专用可信验证方法。

用于可信验证的常见软件包如下：

(1) INTLAB[32] 是基于 Matlab 开发的可信验证软件包，已被 50 多个国家的科研工作者使用，可在 Rump 的主页上下载(http：//www. ti3. tuhh. de/rump/intlab)。

(2) VERSOFT 软件包包含了各种数值线性代数问题解的可信验证文件，也是在 Matlab 环境下运行，但是需要提前调用 INTLAB 包。

(3) NTLB[33] 是基于 Fortran 的区间软件包，这个软件库包括了所有的基本区间算术运算、集合运算、基本初等函数以及一些工具子程序。

(4) 其他商业软件有 ACRITH，ARITHMOS，PROFIL/BIAS，C-XSC 等，具体参见文献[34-36]。

1.2　方程组的可信验证问题概述

代数方程组（简称方程组）的可信验证问题，即建立有效的可信验证方法给出方程组解的闭包含，其又被称为方程组的解存在性检验，是可信验证这一研究课题中的最基本问题之一。这类问题来源于科学及工程计算的许多领域，很多亟待解决的有着重大现实意义的实际问题，最终都要归结为方程组的可信验证问题。因此，研究、发展和完善方程组解的可信验证方法及其具体的算法实现程序具有重要的理论意义和很高的实用价值。

1.2.1　线性方程组的可信验证问题

由于线性方程组可以看作最简单的一类非线性方程组，故线性方程组的解存在性检验是一个相对比较简单的可信验证问题。当然，也正是因为线性方程组具有这一特殊性，才使得其解的可信验证方法要比一般非线性方程组解的可信验证方法丰富得多。

考虑一般的非奇异线性方程组

$$Ax = b \tag{1.2.1}$$

其中，系数矩阵 $A \in \mathbf{R}^{n\times n}$ 非奇异，右端项 $b \in \mathbf{R}^n$，向量 $x \in \mathbf{R}^n$ 为未知量。因为容易导出如下的数学结论：

对于任意给定的矩阵 $R \in \mathbf{R}^{n\times n}$ 和向量 $\tilde{x} \in \mathbf{R}^n$，若 $\|I_n - RA\| < 1$，则矩阵 R 可逆，且有

$$\begin{aligned}\|A^{-1}b - \tilde{x}\| &= \|[I_n - (I_n - RA))^{-1}R(b - A\tilde{x}]\| \\ &\leqslant \frac{\|R(b - A\tilde{x}\|}{1 - \|I_n - RA\|}\end{aligned} \tag{1.2.2}$$

其中，$\|\cdot\|$表示某种向量范数或某种算子范数；I_n 表示 n 阶单位矩阵。使结论(1.2.2)成立的条件 $\|I_n - RA\| < 1$ 特别适合区间量及其四则运算的使用和编

程上机进行验证，所以最先用于方程组(1.2.1)解的存在性验证的数学结论即式(1.2.2)。

需要指出的是，虽然使上述结论(1.2.2)成立的条件$\|I_n - RA\| < 1$对矩阵R和向量$\tilde{x}$的要求不多，但在实际应用时，为了使条件$\|I_n - RA\| < 1$容易满足和成功获得方程组(1.2.1)解的闭包含，也即为了确保方程组(1.2.1)解的存在性验证顺利实现，矩阵R必须取为矩阵A的数值近似逆$\widetilde{A}^{-1}$，向量$\tilde{x}$必须取为方程组(1.2.1)的满足一定精度的数值解。另外，为了验证的效率，无穷大范数被使用。所以，当方程组(1.2.1)的系数矩阵A的阶数n较大时，基于(1.2.2)建立的可信验证方法就不再适用。除此之外，大量数值实验还表明，对于病态程度高的线性方程组(1.2.1)，上述验证方法也不再适用，比如当方程组(1.2.1)的系数矩阵A为低阶($n \leqslant 9$)的希尔伯特矩阵时，该验证方法给出的包含解的区间量的宽度很大，毫无实用价值。

为了克服上述可信验证方法的不足，1980年，Rump[6]基于如下的数学结论(即定理1.2.1)又建立了检验线性方程组(1.2.1)解存在的一个新的可信验证方法。因为新验证方法不涉及矩阵或向量范数的使用，所以新验证方法的应用范围更广泛，比如上文提及的系数矩阵A为低阶($n \leqslant 9$)的希尔伯特矩阵的方程组的可信验证问题，新验证方法就能给出满足实际需求的包含解的区间量。同时，大量数值实验表明，在相同条件下，新验证方法给出的解的闭包含好于上述验证方法给出的解的闭包含，即新验证方法给出的包含解的区间量的宽度更小，具体地说，就是新验证方法给出的解所在的区间量包含于上述验证方法给出的解所在的区间量。

和上述可信验证方法面临的情况一样，在实际应用时，定理1.2.1中的矩阵R必须取为矩阵A的数值近似逆$\widetilde{A}^{-1}$，而区间向量$\boldsymbol{x}$必须是由方程组(1.2.1)的满足一定精度的数值解$\tilde{x}$生成的区间向量，即$\boldsymbol{x} = \mathrm{intval}(\tilde{x})$。1983年，Rump[37]基于此可信验证方法又解决了超定、欠定线性方程组的可信验证问题。

定理 1.2.1　已知任意给定的矩阵$R \in \mathbf{R}^{n\times n}$和区间向量$\boldsymbol{x} \in \mathbf{IR}^n$，若

$$Rb + (I_n - RA)\boldsymbol{x} \subseteq \mathrm{int}\ \boldsymbol{x} \tag{1.2.3}$$

则矩阵A，R均可逆，且$A^{-1}b \in Rb + (I_n - RA)\boldsymbol{x}$，即线性方程组(1.2.1)

的唯一解包含在区间向量 $Rb+(I_n-RA)\boldsymbol{x}$ 里，其中 int $\boldsymbol{x}$ 表示区间向量 $\boldsymbol{x}$ 的内部。

综上所述，不管是用结论(1.2.2)，还是用定理 1.2.1 去验证线性方程组(1.2.1)解存在时，都要用到系数矩阵 A 的数值近似逆 $\widetilde{A}^{-1}$。所以，对于系数矩阵 A 为大型稀疏矩阵的线性方程组(1.2.1)的可信验证问题，上述两验证方法就都不再有效。因此，这就需要我们根据系数矩阵 A 的特有性质和特殊结构建立适合此类线性方程组的可信验证方法。

因为对于任一给定的实对称正定矩阵 A，如果存在正数 α 使得矩阵 $A-\alpha I_n$ 亦是实对称正定矩阵，则有 $\sigma_n>\alpha$，所以

$$\begin{aligned}\|A^{-1}b-\tilde{x}\|_2 &\leqslant \|A^{-1}\|_2\cdot\|b-A\tilde{x}\|_2\\ &=\frac{\|b-A\tilde{x}\|_2}{\sigma_n(A)}<\frac{\|b-A\tilde{x}\|_2}{\alpha}\end{aligned}\tag{1.2.4}$$

其中，$\|\cdot\|_2$ 表示向量的 2- 范数或矩阵的谱范数；$\sigma_1(A)\geqslant\sigma_2(A)\geqslant\cdots\geqslant\sigma_n(A)$ 表示矩阵 A 的奇异值；$x\in\mathbf{R}^n$ 为任一给定的已知向量。

1993 年至 1994 年之间，Rump[38] 首先利用数学结论(1.2.4)解决了系数矩阵 A 为实对称正定矩阵的大型稀疏线性方程组(1.2.1)的可信验证问题。与此同时，实对称矩阵的正定性检验问题也被解决。同上述可信验证方法面临的情况，在实际应用时，第一，为了确保实对称矩阵 $A-\alpha I_n$ 满足正定性，一般选取 $\alpha=0.9\tilde{\sigma}_n$，其中 $\tilde{\sigma}_n$ 为实对称正定矩阵 A 的最小奇异值 σ_n 的数值近似；第二，结论(1.2.4)中的向量 $\tilde{x}$ 必须取为方程组(1.2.1)的满足一定精度的数值解。而对于系数矩阵 A 为一般的实对称矩阵的情形，迄今为止还没有找到有效的可信验证方法，尽管 Rump[1] 在 1994 年利用 LDL^{T} 分解提出了一种可信验证方法，但该验证方法只在某种选主元情形下才有效，不具有一般性。当然，对于这种情形，因为 $A^{\mathrm{T}}A$ 是实对称正定矩阵，故我们可以对方程组 $A^{\mathrm{T}}Ax=A^{\mathrm{T}}b$ 应用验证方法(1.2.4)给出方程组(1.2.1)的解的闭包含，但由于此时的系数矩阵的条件数是原来的二次方幂，且运算量也会增加很多，故效果不会理想。因此，针对系数矩阵为一般的实对称矩阵的大型稀疏线性方程组(1.2.1)，建立一个快速稳定有效的可信验证算法是一个很具挑战性的难

题，有关其详细介绍请参见文献[39]。而对于更一般的大型稀疏线性方程组(1.2.1)，由于目前还没有发现此类线性方程组的实际应用背景，故不再对其进行相关研究。

1999 年，基于上述研究成果和 Hansen-Bliek-Rohn-Ning-Kearfott 闭包含技巧[40]，Rump[32] 利用 INTLAB/Matlab 软件实现了线性方程组解的可信验证方法，命名为 verifylss 函数。该 INTLAB 函数不仅可以输出系数矩阵为一般稠密阵的线性方程组解的闭包含，还可以给出超定、欠定和大型稀疏线性方程组解的闭包含。

如果线性方程组(1.2.1) 的系数矩阵 A 可分裂为 $A = cI_n - B$，且有 $0 \leqslant B \in \mathbf{R}^{n\times n}$，$\rho(B) < c$，则称矩阵 A 为 M- 阵，其中 $c \in \mathbf{R}$，$B \geqslant 0$ 表示矩阵 B 的所有元素均为非负数，这样的矩阵称为非负矩阵；$\rho(B) < c$ 表示矩阵 B 的谱半径。系数矩阵 A 为 M- 阵的线性方程组(1.2.1) 有着广泛而强大的实际应用背景，比如一个椭圆型偏微分方程离散后生成的线性方程组即为此种类型，所以研究系数矩阵为 M- 阵的线性方程组的可信验证问题具有重大现实意义。

因为 M- 阵的逆矩阵为非负矩阵，所以对于系数矩阵 A 为 M- 阵(即 $A^{-1} \geqslant 0$) 的线性方程组(1.2.1) 成立。$\|A^{-1}\|_\infty = \|A^{-1}e\|_\infty$，其中 $\|\cdot\|_\infty$ 表示矩阵或向量的无穷大范数，$e = (1, 1, \cdots, 1)^{\mathrm{T}} \in \mathbf{R}^n$。于是，对于任意给定的向量 $\tilde{y} \in \mathbf{R}^n$ 有

$$\begin{aligned}\|A^{-1}\|_\infty &= \|\tilde{y} + A^{-1}(e - A\tilde{y})\|_\infty \\ &\leqslant \|\tilde{y}\|_\infty + \|A^{-1}\|_\infty \|(e - A\tilde{y})\|_\infty\end{aligned}$$

即

$$\|A^{-1}\|_\infty \leqslant \frac{\|\tilde{y}\|}{1 - \|e - A\tilde{y}\|_\infty}$$

进而，有

$$\begin{aligned}\|A^{-1}b - \tilde{x}\|_\infty &\leqslant \|A^{-1}\|_\infty \cdot \|(e - A\tilde{x})\|_\infty \\ &\leqslant \frac{\|\tilde{y}\|_\infty}{1 - \|(e - A\tilde{y})\|_\infty} \|b - A\tilde{x}\|_\infty \qquad (1.2.5)\end{aligned}$$

其中，$\tilde{x} \in \mathbf{R}^n$ 为任一给定的已知向量。

2001年，基于数学结论(1.2.5)，Ogita，Oishi和Ushiro[41]建立了系数矩阵A为M-阵的线性方程组(1.2.1)解的可信验证方法。顺便指出一下，逆矩阵为非负矩阵的矩阵称为单调矩阵。

根据上文可知，对于系数矩阵为一般对称不定矩阵的大型稀疏线性方程组(1.2.1)，虽然到目前为止还没有找到合适有效的可信验证方法，但如果系数矩阵A还具有2×2结构，且第(1，1)块(左上角块)为对称正定阵，第(2，2)块(即右下角块)为零方阵的特殊结构和性质，则用于检验方程组(1.2.1)解存在的有效可信验证方法已被建立。顺便指出一下，满足上述条件的线性方程组称为鞍点线性方程组，对应的系数矩阵称为鞍点矩阵，该类线性方程组也有着强大的实际应用背景。有关鞍点线性方程组基本情况的介绍请见第2章2.2节。

自1999年Watanabe，Yamamoto和Nakao[42]首次提出鞍点线性方程组的可信验证问题起，2003年至今，Chen和Hashimoto[43]，Kimura和Chen[44]，Miyajima[45]等众多数值代数专家就先后分别从鞍点矩阵的特殊结构、特有性质和算法实现的角度对鞍点线性方程组的解存在性检验问题进行了全面的、详细的、深入的研究，建立了一系列富有成效的专用可信验证方法。近年来，本书作者又从算法实现方面对已存在的可信验证方法作了有效改进，相关工作详细介绍请见第5章。

另外，在2002年Oishi和Rump[46]还利用矩阵分解技巧建立了线性方程组(1.2.1)解的快速可信验证方法。至今，该类可信验证方法中的一些实际计算技巧依然在被广泛地应用着。

综上所述，就线性方程组(1.2.1)的可信验证问题而言，尽管还有一些悬而未决的难题，但总体来讲，现已取得的研究成果足可以应付与之有关的所有实际问题，也就是说线性方程组的可信验证问题已基本解决，相关的研究成果已成体系。所以，有关线性方程组的可信验证问题已不再是当前及未来的研究热点，但如何把已取得的富有成效的可信验证方法广泛地应用到实际问题中去，或针对新出现的实用价值高的线性问题继续研究专属专用的高效可信验证方法，仍然是值得我们研究的工作。

1.2.2 非线性方程组的可信验证问题

非线性方程组的可信验证问题，也即非线性方程组解的存在性验证，是应用背景广泛的一类可信验证问题。比如，在火箭喷口受力分析、核磁共振仪设计、机床数控系统等高风险应用领域中，很多问题最终都要归结为非线性方程组的可信验证问题。又因为可信验证研究课题起源于非线性方程组的可信验证问题，故非线性方程组解的存在性检验问题在可信验证中的地位举足轻重。

考虑到可信验证方法的适用原则和非线性方程组的多样性及其解的复杂性，所以非线性方程组解的存在性验证的首要任务，也即众多非线性可信验证问题的最根本任务，就是解决如下一般的 n 个未知量 n 个方程的非线性方程组

$$\begin{cases} f_1(x_1, x_2, \cdots, x_n)=0 \\ f_2(x_1, x_2, \cdots, x_n)=0 \\ \vdots \\ f_n(x_1, x_2, \cdots, x_n)=0 \end{cases} \tag{1.2.6}$$

非奇异解的存在性验证问题，其中 $f_i: D\subseteq \mathbf{R}^n \to \mathbf{R}$，$i=1, 2, \cdots, n$ 为定义在区域 $D\subseteq \mathbf{R}^n$ 上的 n 元非线性函数。

如果定义非线性映射 $f_i: D\subseteq \mathbf{R}^n \to \mathbf{R}^n$，则非线性方程组(1.2.6)可简洁地表示为

$$f(x)=0, \quad x\subseteq \mathbf{R}^n, \tag{1.2.7}$$

其中，$f=(f_1, f_2, \cdots, f_n)^{\mathrm{T}}$。再设 $\hat{x}\in \mathbf{R}^n$ 为方程组(1.2.7)的解，即 $f(\hat{x})=0$，如果映射 f 在 $\hat{x}$ 处的雅可比(Jacobian)矩阵 $J_f(\hat{x})\in \mathbf{R}^{n\times n}$ 非奇异，则称 $\hat{x}$ 为方程组(1.2.7)的非奇异解，也称为方程组(1.2.7)的单根；对应地，若雅可比矩阵 $J_f(\hat{x})$ 为奇异矩阵，则称 $\hat{x}$ 为方程组(1.2.7)的奇异解，或称为方程组(1.2.7)的重根。

由于非线性方程组问题的复杂性，所以可用于建立非线性方程组解的可信验证方法的数学理论注定不会像线性方程组那样丰富，主要就是不动点定

理。1977年，Moore首先基于区间算术理论和不动点定理提出了非线性方程组(1.2.7)非奇异解的可信验证方法，但由于该验证方法是基于区间牛顿算子(2.1.13)建立的，这就涉及了区间矩阵求逆或具区间系数的线性方程组的求解问题，工作量极大。为此，Moore[47]又在1978年利用Krawczyk算子给出了更加实用的可信验证方法，新验证方法避免了区间矩阵的求逆或具区间系数的线性方程组的求解问题，计算量大大减少。1983，Rump[37]又做了进一步的研究工作，对建立可信验证方法所使用的数学结论进行了改进，提出了非线性方程组(1.2.7)的单根存在性检验定理，并借助INTLAB区间软件包[32]给出了具体的计算机实现算法程序，即算法3.1.1，并在此验证算法的基础上，使用INTLAB/Matlab语言编写了verifynlss函数。值得一提的是，直至目前，该INTLAB函数依然是验证非线性方程组(1.2.7)非奇异解存在的最为基本最为实用的算法程序。

基于Rump提出的可信验证方法，众多非线性可信验证问题被解决，比如欠定非线性方程组局部极小二范数解和超定非线性方程组局部极小二乘解的可信验证问题[48-50]、非线性方程组(1.2.7)奇异解的可信验证问题[51-55]和非线性矩阵方程解的可信验证问题[56-57]等。在本书中，我们把这类基于不动点定理建立的可信验证方法称为非线性方程组(1.2.7)解存在性检验的主流验证方法，其中又以Rump建立的可信验证方法为主。

另外，可用于建立非线性方程组(1.2.7)解的可信验证方法的数学结论还有著名的α-理论、Kantorovich存在定理等。1981年，Shub和Smale[58-60]首次提出α-理论。α-理论给出了有效的准则以确保迭代可安全收敛到非线性方程组(1.2.7)的孤立单根。Giustim，Lecerfg，Salvy和Yakoubsohn[61]将α-理论推广到一元解析函数的奇异解。此后，基于α-理论，Giustim，Lecerfg，Salvy和Yakoubsohn[62]又研究了雅可比矩阵秩亏为1的非线性方程组(1.2.7)奇异解的验证。Kantorovich存在定理是苏联著名数学家Kantorovich[63]在20世纪50年代研究非线性方程组(1.2.7)的牛顿迭代解法的收敛性、误差估计等问题时提出，并利用优界方程思想证明的。在1980至1990年间，Rall[64]、沈祖和[65]、Neumaier等[66]均就实际应用Kantorovich存在定理验证非线性方程组(1.2.7)解存在的问题进行过深入的研究，但遗憾的是所做的工作均处于理论阶段，没有给出具体的算法实现程序。在前人研究的基础上，本书给出了基于 Kantorovich 存在定理建立的方程组(1.2.7) 解的可信验证方法的具体算法实现程序。相关工作介绍请见第 4 章。

2011 年，Mantzaflaris 与 Mourrain[67] 提出了一种非线性方程组多重根验证方法。利用近似局部对偶空间的一组既约基，他们给出了原方程组的扩展方程组孤立奇异解的区间验证方法。该验证方法原则上可验证任意多重根，但事实上其非常依赖于给定重结构的近似程度。

对于非线性方程组的可信验证问题，因为其内容的灵活性和解的复杂性，所以诸如奇异解的存在性验证，有关解的个数、重数、重数结构的可信验证，超定、欠定非线性方程组的可信验证，具有某种特殊形式或特有性质的非线性方程组的可信验证等问题依旧是当前及未来一个时期内的研究热点。另外，其他非线性问题的可信验证也是当下及未来的热点问题。

1.3　本书结构及主要工作

1.3.1　本书结构

本书共分为七章。

第 1 章简要介绍可信验证方法的基本理论及其研究背景和意义，代数方程组的可信验证问题的研究历史与现状，以及本书的结构和主要工作。

第 2 章内容分为两部分：第一部分扼要介绍区间算术和区间分析的基本概念以及有关结论。第二部分简述鞍点线性方程组的基础知识及其强大的实际应用背景。

第 3 章研究利用不动点定理和 Krawczyk 区间算子建立非线性方程组(1.2.7) 解的可信验证方法及其具体计算机实现的问题。

第 4 章考虑应用 Kantorovich 存在定理验证非线性方程组(1.2.7) 解存在的具体计算机实现问题。

第 5 章全面详细地讨论了鞍点线性方程组(2.2.1) 的可信验证问题。

第 6 章就实用性强的序凸函数型非线性方程组(1.2.7)，根据其的特殊性质提出了计算量小、计算过程简单的可信验证方法。

第 7 章总结本书的主要工作，并展望以后可能的研究方向。

1.3.2 主要工作

本书的主要工作是建立并实现(代数）方程组解的可信验证方法，具体如下。

(1) 对当前用于检验非线性方程组(1.2.7) 解存在的最为基本最为实用的验证算法 3.1.1 作了有效的改进。

首先利用 $R=(\mathrm{mid}\,\boldsymbol{J}_f(\tilde{x}+\boldsymbol{x}))^{-1}$ 和区间量 $\boldsymbol{x}$，$\boldsymbol{J}_f(\tilde{x}+\boldsymbol{x})$ 的中点半径表示形式

$$\boldsymbol{x}=\mathrm{mid}\,\boldsymbol{x}+\mathrm{rad}\,\boldsymbol{x}\,[-1,\ 1]=\mathrm{mid}\,\boldsymbol{x}+\frac{1}{2}\mathrm{wid}\,\boldsymbol{x}\,[-1,\ 1]$$

和

$$J_f(\tilde{x}+\boldsymbol{x})=\mathrm{mid}\,J_f(\tilde{x}+\boldsymbol{x})+\frac{1}{2}\mathrm{wid}\,J_f(\tilde{x}+\boldsymbol{x})\,[-1,\ 1]$$

给出了区间算子 $S(\boldsymbol{x},\tilde{x})$(3.1.2) 的另一种具体形式 $S_{\mathrm{H}}(\boldsymbol{x},\tilde{x})$(3.2.3)。相对于区间算子 $S(\boldsymbol{x},\tilde{x})$(3.1.2) 的 $S_{\mathrm{R}}(\boldsymbol{x},\tilde{x})$(3.2.1) 形式，形式 $S_{\mathrm{H}}(\boldsymbol{x},\tilde{x})$(3.2.3) 不仅减少了计算量，而且在一些附加条件下，还有包含关系 $S_{\mathrm{H}}(\boldsymbol{x},\hat{x})\subseteq S_{\mathrm{R}}(\boldsymbol{x},\hat{x})$ 成立，其中 $\hat{x}\in\mathbf{R}^n$ 为方程组(1.2.7) 的非奇异解或单根，即雅可比矩阵 $J_f(\hat{x})$ 非奇异。然后在算法 3.1.1 的基础上，我们利用区间算子 $S(\boldsymbol{x},\tilde{x})$(3.1.2) 的 $S_{\mathrm{H}}(\boldsymbol{x},\tilde{x})$(3.2.3) 形式和解存在性定理 3.1.2 给出了改进验证算法 3.3.1。

和原验证算法 3.1.1 相比，理论分析和数值结果都表明，改进验证算法 3.3.1 不仅节约了验证时间，而且就某类特殊的非线性方程组(1.2.7)，还可以给出宽度更窄(或至少相同）的解的闭包含。实际上，我们通过观察大量数值例子的实验结果后发现，验证算法 3.3.1 的第二个优点并不是只发生在某类特殊的非线性方程组(1.2.7)，似乎也在更一般的非线性方程组(1.2.7) 上发生。

(2) 首次给出了应用Kantorovich存在定理验证非线性方程组(1.2.7)解存在的具体算法实现程序。

因为应用 Kantorovich 存在定理验证方程组(1.2.7) 解存在的难点是计算 Lipschitz 条件(4.1.1) 中的常系数 κ，所以为了解决这一难题，我们首先根据多元分析理论和矩阵理论，并借助张量表示法给出了一个可用于计算 Lipschitz 常系数 κ 的具体表达式(4.2.1)。然后在理论研究的基础上，我们利用 INTLAB/Matlab 软件给出了应用 Kantorovich 存在定理验证非线性方程组(1.2.7) 解存在的具体算法实现程序，即算法 4.3.1 和 4.3.2。

相对于流行的 Rump 型验证算法(即算法 3.1.1 和 3.3.1)，理论分析和数值实验均表明，我们的 Kantorovich 型验证算法(即算法 4.3.1 和 4.3.2) 具有以下两方面的优势：一是该验证算法对初值的精度要求不高，即该验证算法使用精度较低的初值就能验证成功；二是该验证算法具有承袭性，即在验证过程中，如果是因为初值精度低导致验证失败，需要通过提高初值精度再次进行验证时，该验证算法在新的验证步中可以利用上个验证步中的部分运算结果以降低运算量，从而达到减少验证时间的目的。

(3) 利用当前已有的可信验证成果和成熟的数值算法对鞍点线性方程组(2.2.1) 解的可信验证方法(5.1.10) 作了有效改进。

针对现有可信验证方法(5.1.10) 因量 $\|(BB^{\mathrm{T}})^{-1}\|_\infty$ 和数值矩阵 $\widetilde{A}^{-1}$ 的使用而存在的缺陷，我们首先利用数学结论(5.1.8) 和(5.1.11) 建立了新的可信验证方法(5.1.12)，然后借助 INTLAB/Matlab 软件给出了新验证方法(5.1.12) 的具体算法实现程序，即算法 5.3.2。

理论结果

$$\begin{aligned}&\max\{\|A^{-1}\|_2\ \|A\|_\infty\ \|(BB^{\mathrm{T}})^{-1}\|_2\}\\ \leqslant\ &\max\{\|A^{-1}\|_\infty\ \|A\|_\infty\ \|(BB^{\mathrm{T}})^{-1}\|_\infty\}\end{aligned}$$

和数值结果均表明，改进后的可信验证方法(5.1.12) 不仅耗费的计算时间比原可信验证方法(5.1.10) 的少，而且给出的解的误差界也比可信验证方法(5.1.10) 的小。另外，有关理论分析和数值结果还表明，可信验证方法(5.1.12) 对于更大维数的鞍点线性方程组(2.2.1) 仍然有效，所以可信验证方法(5.1.12) 的适用范围要比可信验证方法(5.1.10) 的广泛。

(4) 利用鞍点矩阵 H 的特有结构和特殊性质以及矩阵基本理论，给出了界估计式(5.1.6)的另一种证明方法。与原证明方法相比，新证明方法更简单明了。

(5) 针对实际应用背景广泛的序凸函数型非线性方程组(1.2.7)，根据其的特有性质，提出了计算量小、计算结果区间更窄的可信验证方法。

最后，我们总结了全书，并对今后的研究工作进行了展望。

第 2 章　准备知识

本章扼要介绍本书所要涉及的专业理论知识及其数学表示。

2.1　区间分析理论

在 **R** 上定义的有界闭区间，是众所周知的。而且它作为实分析的基础，经常为人们所讨论、应用着。但是，对于给定在 **R** 上的所有有界闭区间所构成之集合 **IR** 上的代数与集合运算，这些运算的代数性质以及定义在 **IR** 上的区间函数等知识，则可能是较生疏的。在 Moore 的经典著作《区间分析》(*Interval Analysis*)[26] 一书中，对这些内容，均做了详细论述。本节为了方便以后各章的阅读与讨论，我们简要地介绍区间分析的基本内容及其具体计算机实现的相关知识，有关详情也可见文献[68-69]。另外，在本书中，区间量所采用的表示符号参考了国际通用的表示法[70]。

2.1.1　基本概念及表示

定义 2.1.1　对于给定的实数对 $\underline{x}$，$\overline{x} \in \mathbf{R}$，若 $\underline{x} \leqslant \overline{x}$，则称集合

$$\boldsymbol{x} = [\underline{x},\ \overline{x}] := \{x \in \mathbf{R} \mid \underline{x} \leqslant x \leqslant \overline{x}\}$$

为区间，其中 $\underline{x}$ 称为区间 $\boldsymbol{x}$ 的下端点，$\overline{x}$ 称为区间 $\boldsymbol{x}$ 的上端点。进而，称分量是区间的向量为区间向量，也用小写的黑体英文字母 $\boldsymbol{x}$，$\boldsymbol{y}$，$\boldsymbol{z}$，… 表示；称

元素是区间的矩阵为区间矩阵，用大写的黑体英文字母 $\boldsymbol{X}$，$\boldsymbol{Y}$，$\boldsymbol{Z}$，… 表示，区间向量和区间矩阵统称为区间体。而区间和区间体又统称为区间量。

今记实数集 $\mathbf{R}$ 上所有区间构成的集合为 $\mathbf{IR}$，所有 n 维区间向量构成的集合为 $\mathbf{IR}$，所有 n 阶区间矩阵构成的集合为 $\mathbf{IR}^{n\times n}$。

定义 2.1.2　已知区间 $\boldsymbol{x}=[\underline{x},\overline{x}]\in\mathbf{IR}$。若 $\underline{x}=\overline{x}$，即区间 $\boldsymbol{x}$ 的上、下端点相等，则称区间 $\boldsymbol{x}$ 为点区间或退化区间。

事实上，点区间就是实数。当然，为了运算的需要，任何实数在任何时候都可以看作一个点区间。

定义 2.1.3　如果区间 $\boldsymbol{x}=[\underline{x},\overline{x}]\in\mathbf{IR}$ 满足 $\underline{x}=-\overline{x}$，则称区间 $\boldsymbol{x}$ 为对称区间。进而，称分量全是对称区间的区间向量为对称区间向量，元素全是对称区间的区间矩阵为对称区间矩阵。

定义 2.1.4　已知区间 $\boldsymbol{x}=[\underline{x},\overline{x}]$，$\boldsymbol{y}=[\underline{y},\overline{y}]\in\mathbf{IR}$。如果

$$\overline{x}<\underline{y}$$

成方，则定义为 $\boldsymbol{x}<\boldsymbol{y}$。特别地，若 $0<\underline{y}$，则称区间 $\boldsymbol{y}$ 为正区间，记作 $\boldsymbol{y}>0$；若 $\overline{y}<0$，则称区间 $\boldsymbol{y}$ 为负区间，记作 $\boldsymbol{y}<0$。

下面首先给出反映区间几何特征的几个基本量，然后再把这些基本量推广到区间体上去。

定义 2.1.5　对任意区间 $\boldsymbol{x}=[\underline{x},\overline{x}]\in\mathbf{IR}$，称实数

$$\operatorname{mid}\boldsymbol{x}:=\frac{\underline{x}+\overline{x}}{2}$$

为区间 $\boldsymbol{x}$ 的中点，实数

$$|\boldsymbol{x}|:=\max\{|\underline{x}|,|\overline{x}|\}$$

为区间 $\boldsymbol{x}$ 的绝对值，实数

$$\operatorname{wid}\boldsymbol{x}=\overline{x}-\underline{x}$$

为区间 $\boldsymbol{x}$ 的宽度。而 wid $\boldsymbol{x}$ 宽度的一半称为区间 $\boldsymbol{x}$ 的半径，记为 rad $\boldsymbol{x}$，即有

$$\operatorname{rad}\boldsymbol{x}=\frac{\operatorname{wid}\boldsymbol{x}}{2}=\frac{\underline{x}-\overline{x}}{2}$$

基于定义 2.1.5，区间体的中点、宽度定义如下。

定义 2.1.6　对任意区间向量 $\boldsymbol{x}=(\boldsymbol{x}_1, \boldsymbol{x}_2, \cdots, \boldsymbol{x}_n)^{\mathrm{T}} \in \mathbf{IR}^n$，称 n 维实向量

$$\operatorname{mid} \boldsymbol{x} := (\operatorname{mid} \boldsymbol{x}_1, \operatorname{mid} \boldsymbol{x}_2, \cdots, \operatorname{mid} \boldsymbol{x}_n)^{\mathrm{T}} \in \mathbf{R}^n$$

为区间向量 $\boldsymbol{x}$ 的中点，n 维实向量

$$\operatorname{wid} \boldsymbol{x} := (\operatorname{wid} \boldsymbol{x}_1, \operatorname{wid} \boldsymbol{x}_2, \cdots, \operatorname{wid} \boldsymbol{x}_n)^{\mathrm{T}} \in \mathbf{R}^n$$

为区间向量 $\boldsymbol{x}$ 的宽度，其中 $\boldsymbol{x}_i \in \mathbf{IR}$，$i=1, 2, \cdots, n$。

定义 2.1.7　对任意区间矩阵 $\boldsymbol{X}=\begin{pmatrix} \boldsymbol{x}_{11} & \boldsymbol{x}_{12} & \cdots & \boldsymbol{x}_{1n} \\ \boldsymbol{x}_{21} & \boldsymbol{x}_{22} & \cdots & \boldsymbol{x}_{2n} \\ \vdots & \vdots & \ddots & \vdots \\ \boldsymbol{x}_{n1} & \boldsymbol{x}_{n2} & \cdots & \boldsymbol{x}_{nn} \end{pmatrix} \in \mathbf{IR}^{n\times n}$，称 n 阶实矩阵

$$\operatorname{mid} \boldsymbol{X} := \begin{pmatrix} \operatorname{mid} \boldsymbol{x}_{11} & \operatorname{mid} \boldsymbol{x}_{12} & \cdots & \operatorname{mid} \boldsymbol{x}_{1n} \\ \operatorname{mid} \boldsymbol{x}_{21} & \operatorname{mid} \boldsymbol{x}_{22} & \cdots & \operatorname{mid} \boldsymbol{x}_{2n} \\ \vdots & \vdots & \ddots & \vdots \\ \operatorname{mid} \boldsymbol{x}_{n1} & \operatorname{mid} \boldsymbol{x}_{n2} & \cdots & \operatorname{mid} \boldsymbol{x}_{nn} \end{pmatrix} \in \mathbf{R}^{n\times n}$$

为区间矩阵 $\boldsymbol{X}$ 的中点，n 阶实矩阵

$$\operatorname{wid} \boldsymbol{X} := \begin{pmatrix} \operatorname{wid} \boldsymbol{x}_{11} & \operatorname{wid} \boldsymbol{x}_{12} & \cdots & \operatorname{wid} \boldsymbol{x}_{1n} \\ \operatorname{wid} \boldsymbol{x}_{21} & \operatorname{wid} \boldsymbol{x}_{22} & \cdots & \operatorname{wid} \boldsymbol{x}_{2n} \\ \vdots & \vdots & \ddots & \vdots \\ \operatorname{wid} \boldsymbol{x}_{n1} & \operatorname{wid} \boldsymbol{x}_{n2} & \cdots & \operatorname{wid} \boldsymbol{x}_{nn} \end{pmatrix} \in \mathbf{R}^{n\times n}$$

为区间矩阵 $\boldsymbol{X}$ 的宽度，其中 $\boldsymbol{x}_{ij} \in \mathbf{IR}$，$i, j=1, 2, \cdots, n$。

通过定义 2.1.6 和 2.1.7，我们可以看到区间体的中点、宽度这两个基本量分别是基于区间中点、宽度的定义使用逐元定义规则给出的。事实上，和区间体密切相关的其他概念基本上也都是基于与其相对应的区间概念使用逐元定义规则给出的。这些概念将在下文中陆续被介绍。

2.1.2　区间运算及其代数性质

本小节主要介绍区间集合 **IR** 上的代数与集合运算的有关内容。首先给出

区间集合 **IR** 上四则运算的定义规则。

定义 2.1.8　对于任意的区间 $\boldsymbol{x}=[\underline{x}, \overline{x}]$，$\boldsymbol{y}=[\underline{y}, \overline{y}]\in \mathbf{IR}$，其四则运算定义如下：

$$\boldsymbol{x}+\boldsymbol{y}:=[\underline{x}+\underline{y}, \overline{x}+\overline{y}]$$

$$\boldsymbol{x}-\boldsymbol{y}:=[\underline{x}-\overline{y}, \overline{x}-\underline{y}]$$

$$\boldsymbol{x}\cdot\boldsymbol{y}:=[\min\{\underline{x}\underline{y}, \underline{x}\overline{y}, \overline{x}\underline{y}, \overline{x}\overline{y}\}, \max\{\underline{x}\underline{y}, \underline{x}\overline{y}, \overline{x}\underline{y}, \overline{x}\overline{y}\}]$$

$$\boldsymbol{x}/\boldsymbol{y}:=[\underline{x}, \overline{x}]\cdot[1/\overline{y}, 1/\underline{y}]\text{，若 } 0\notin\boldsymbol{y}$$

对于定义 2.1.8，我们做如下几点说明。

注 2.1.1

(1) 当参与运算的区间均为点区间(即退化区间)时，区间四则运算即为普通的(实)数四则运算。

(2) 当有实数参与区间四则运算时，需要把实数看作点区间。

(3) 区间向量和区间矩阵的运算关系与普通向量和矩阵的运算规则相似，其中涉及的区间四则运算参照上述定义。

(4) 乘法运算符号 $\boldsymbol{x}\cdot\boldsymbol{y}$ 可简写为 $\boldsymbol{xy}$。

(5) 两区间可以进行除法运算的充要条件是位于分母的区间不包含数 0，即该区间要么是正区间，要么是负区间。

(6) 以上定义的区间四则运算是区间集合 **IR** 上的封闭运算，即任意两区间四则运算后的结果仍是区间。

(7) 从集合角度看，上述区间四则运算定义还有如下等价形式：

$$\begin{aligned}
&\boldsymbol{x}+\boldsymbol{y}=\{x+y \mid \forall x\in x, \forall y\in \boldsymbol{y}\},\\
&\boldsymbol{x}-\boldsymbol{y}=\{x-y \mid \forall x\in \boldsymbol{y}, \forall y\in \boldsymbol{y}\},\\
&\boldsymbol{x}\cdot\boldsymbol{y}=\{x\cdot y \mid \forall x\in \boldsymbol{y}, \forall y\in \boldsymbol{y}\},\\
&\boldsymbol{x}/\boldsymbol{y}=\{x/y \mid \forall x\in \boldsymbol{y}, \forall y\in \boldsymbol{y}\}\text{，若 } 0\notin\boldsymbol{y}
\end{aligned}\tag{2.1.1}$$

下面通过几个具体例题加深一下对定义 2.1.8 及其注 2.1.1 的认识和理解。

例 2.1.1

$$[1, 1]+[2, 2]=[3, 3]\text{，即 } 1+2=3;$$

$$[1,1]-[2,2]=[-1,-1]，即 1-2=-1；$$

$$[1,1]\cdot[2,2]=[2,2]，即 1\cdot 2=2；$$

$$[1,1]/[2,2]=[1,1]\cdot\left[\frac{1}{2},\frac{1}{2}\right]=\left[\frac{1}{2},\frac{1}{2}\right]，即 1/2=\frac{1}{2}。$$

例 2.1.2

$$3+[-1,2]=[3,3]+[-1,2]=[2,5]；$$

$$3-[-1,2]=[3,3]-[-1,2]=[1,4]；$$

$$3\cdot[-1,2]=[3,3]\cdot[-1,2]=[-3,6]；$$

$$3/[1,2]=[3,3]/[1,2]=[3,3]\cdot\left[\frac{1}{2},1\right]=\left[\frac{3}{2},3\right]。$$

例 2.1.3

$$\begin{pmatrix}[-1,2] & -3\\ [0,1] & [-2,-1]\end{pmatrix}\begin{pmatrix}[-2,3]\\ 4\end{pmatrix}$$

$$=\begin{pmatrix}[-1,2]\cdot[-2,3]+(-3)\cdot 4\\ [0,1]\cdot[-2,3]+[-2,-1]\cdot[4,4]\end{pmatrix}$$

$$=\begin{pmatrix}[-4,6]+[-12,-12]\\ [-2,3]+[-8,-4]\end{pmatrix}=\begin{pmatrix}[-16,-6]\\ [-10,-1]\end{pmatrix}。$$

因为区间也是集合，所以区间之间肯定也满足集合之间的运算关系。下面，我们就来介绍区间集合运算的相关内容。

由于区间是有特殊表示形式的一类集合，所以区间之间的相等、包含关系和交、并集运算不仅可以用人们所熟知的一般集合形式去描述，还可以借助区间自己的独特表示形式去刻画。当然，这两种定义形式的等价性极容易证明，这里不再赘述。

定义 2.1.9　已知区间 $\boldsymbol{x}=[\underline{x},\overline{x}]$，$\boldsymbol{y}=[\underline{y},\overline{y}]\in\mathbf{IR}$。如果同时满足 $\underline{x}=\underline{y}$ 和 $\overline{x}=\overline{y}$，则称区间 $\boldsymbol{x}$ 与区间 $\boldsymbol{y}$ 相等，记作 $\boldsymbol{x}=\boldsymbol{y}$。

定义 2.1.10　如果区间 $\boldsymbol{x}=[\underline{x},\overline{x}]$，$\boldsymbol{y}=[\underline{y},\overline{y}]\in\mathbf{IR}$ 满足 $\underline{y}\leqslant\underline{x}\leqslant\overline{x}\leqslant\overline{y}$，则称区间 $\boldsymbol{y}$ 包含区间 $\boldsymbol{x}$，或区间 $\boldsymbol{x}$ 包含于区间 $\boldsymbol{y}$，记为 $\boldsymbol{x}\subseteq\boldsymbol{y}$。

对于任意给定的两个区间(集合)$\boldsymbol{x}=[\underline{x},\overline{x}]$，$\boldsymbol{y}=[\underline{y},\overline{y}]\in\mathbf{IR}$，当 $\boldsymbol{x}\cap$

$\boldsymbol{y} \neq \varnothing$ 时，因为有 $[\max\{\underline{x}, \underline{y}\}, \min\{\overline{x}, \overline{y}\}] = \{z \mid z \in \boldsymbol{x}$ 且 $z \in \boldsymbol{y}\}$ 和 $[\min\{\underline{x}, \underline{y}\}, \max\{\overline{x}, \overline{y}\}] = \{z \mid z \in \boldsymbol{x}$ 或 $z \in \boldsymbol{y}\}$ 成立，所以在此种情形下，两区间(集合)之间的交集运算又可定义为

$$\boldsymbol{x} \cap \boldsymbol{y} = [\max\{\underline{x}, \underline{y}\}, \min\{\overline{x}, \overline{y}\}]$$

两区间(集合)之间的并集运算又可定义为

$$\boldsymbol{x} \cup \boldsymbol{y} = [\min\{\underline{x}, \underline{y}\}, \max\{\overline{x}, \overline{y}\}]$$

而当 $\boldsymbol{x} \cap \boldsymbol{y} = \varnothing$ 时，一方面，因为 $\min\{\overline{x}, \overline{y}\} < \max\{\underline{x}, \underline{y}\}$，导致符号 $[\max\{\underline{x}, \underline{y}\}, \min\{\overline{x}, \overline{y}\}]$ 连区间都不能表示了，就更不必说再用其表示区间(集合)$\boldsymbol{x}$ 和 $\boldsymbol{y}$ 的交集 $\boldsymbol{x} \cap \boldsymbol{y}$ 了，何况在此种情形下，区间(集合)$\boldsymbol{x}$ 和 $\boldsymbol{y}$ 也并没有公共元素，所以此时要么不定义它们的交集运算，要么就直接把它们的交集定义为空集，用符号“$\varnothing$”表示。另外，因为区间(集合)$\boldsymbol{x}$ 和 $\boldsymbol{y}$ 的并集 $\boldsymbol{x} \cup \boldsymbol{y} = \{z \mid z \in \boldsymbol{x}$ 或 $z \in \boldsymbol{y}\}$ 不再是区间，而只是一个普通的集合且有 $[\min\{\underline{x}, \underline{y}\}, \max\{\overline{x}, \overline{y}\}] \neq \{z \mid z \in \boldsymbol{x}$ 或 $z \in \boldsymbol{y}\}$，所以在此种情形下，区间(集合)$\boldsymbol{x}$ 和 $\boldsymbol{y}$ 之间的并集运算就不能再用区间形式(比如 $[\min\{\underline{x}, \underline{y}\}, \max\{\overline{x}, \overline{y}\}]$)来刻画了，而只能用一般的集合形式来描述了，即 $\boldsymbol{x} \cup \boldsymbol{y} = \{z \mid z \in \boldsymbol{x}$ 或 $z \in \boldsymbol{y}\}$。

综上所述，就任给的两个区间(集合)$\boldsymbol{x} = [\underline{x}, \overline{x}]$，$\boldsymbol{y} = [\underline{y}, \overline{y}] \in \mathbf{IR}$ 而言，一般情况下，交集 $\boldsymbol{x} \cap \boldsymbol{y} = \{z \mid z \in \boldsymbol{x}$ 且 $z \in \boldsymbol{y}\}$ 还是区间，即区间集合 $\mathbf{IR}$ 上的交集运算满足封闭性，而并集 $\boldsymbol{x} \cup \boldsymbol{y} = \{z \mid z \in \boldsymbol{x}$ 或 $z \in \boldsymbol{y}\}$ 就不再是区间了，即区间集合 $\mathbf{IR}$ 上的并集运算不满足封闭性。为了弥补此不足，区间并包“$\underline{\cup}$”的概念被引入。

定义 2.1.11　对于任给的两个区间 $\boldsymbol{x} = [\underline{x}, \overline{x}]$，$\boldsymbol{y} = [\underline{y}, \overline{y}] \in \mathbf{IR}$，因为 $\min\{\underline{x}, \underline{y}\} \leqslant \max\{\overline{x}, \overline{y}\}$ 永远成立，所以称以实数 $\min\{\underline{x}, \underline{y}\}$ 为下端点，实数 $\max\{\overline{x}, \overline{y}\}$ 为上端点的区间

$$\boldsymbol{x} \,\underline{\cup}\, \boldsymbol{y} := [\min\{\underline{x}, \underline{y}\}, \max\{\overline{x}, \overline{y}\}] \in \mathbf{IR}$$

为区间 $\boldsymbol{x}$ 与区间 $\boldsymbol{y}$ 的区间并包，简称为区间包。

显然，通常情况下，有 $\boldsymbol{x} \cup \boldsymbol{y} \subseteq \boldsymbol{x} \,\underline{\cup}\, \boldsymbol{y}$，而当 $\boldsymbol{x} \cap \boldsymbol{y} \neq \varnothing$ 时，区间 $\boldsymbol{x}$，$\boldsymbol{y}$

的区间并包即为这两个区间的并集，即有 $x \,\underline{\cup}\, \boldsymbol{y}=\boldsymbol{x} \cup \boldsymbol{y}$。

下面再次使用逐元定义规则把区间之间的包含关系和交集、并包两种集合运算推广至区间体。

定义 2.1.12 对于任给的两区间向量 $\boldsymbol{x}=(\boldsymbol{x}_1, \boldsymbol{x}_2, \cdots, \boldsymbol{x}_n)^{\mathrm{T}}$，$\boldsymbol{y}=(\boldsymbol{y}_1, \boldsymbol{y}_2, \cdots, \boldsymbol{y}_n)^{\mathrm{T}} \in \mathbf{IR}^n$，如果 $\boldsymbol{x}_i \subseteq \boldsymbol{y}_i$，$i=1, 2, \cdots, n$，则称区间向量 $\boldsymbol{y}$ 包含区间向量 $\boldsymbol{x}$ 或区间向量 $\boldsymbol{x}$ 包含于区间向量 $\boldsymbol{y}$，记作 $\boldsymbol{x} \subseteq \boldsymbol{y}$；如果 $\boldsymbol{y}_i \cap \boldsymbol{y}_i \neq \varnothing$，$i=1, 2, \cdots, n$，则称这两个区间向量有交，此时它们的交仍为区间向量，定义为

$$\boldsymbol{x} \cap \boldsymbol{y} := (\boldsymbol{x}_1 \cap \boldsymbol{y}_1, \boldsymbol{x}_2 \cap \boldsymbol{y}_2, \cdots, \boldsymbol{x}_n \cap \boldsymbol{y}_n)^{\mathrm{T}}$$

称区间向量

$$\boldsymbol{x} \cup \boldsymbol{y} := (\boldsymbol{x}_1 \cup \boldsymbol{y}_1, \boldsymbol{x}_2 \cup \boldsymbol{y}_2, \cdots, \boldsymbol{x}_n \cup \boldsymbol{y}_n)^{\mathrm{T}} \in \mathbf{IR}^n$$

为区间向量 $\boldsymbol{x}$ 与区间向量 $\boldsymbol{y}$ 的并包，其中 $\boldsymbol{x}_i$，$\boldsymbol{y}_i \in \mathbf{IR}$，$i=1, 2, \cdots, n$。

注 2.1.2 特别地，当区间向量 $\boldsymbol{x}$ 退化为点（区间）向量 $x=(x_1, x_2, \cdots, x_n)^{\mathrm{T}} \in \mathbf{R}^n$ 时，$\boldsymbol{x} \subseteq \boldsymbol{y}$ 的含义就是 $\boldsymbol{x}_i \subseteq \boldsymbol{y}_i$，其中 $x_i \in \mathbf{R}$，$i=1, 2, \cdots, n$，记作 $x \in \boldsymbol{y}$。显然，$\mathrm{mid}\,\boldsymbol{x} \in \boldsymbol{x}$。另外，从区间向量的交运算定义容易看出，若至少存在一组对应分量有 $\boldsymbol{x}_{i0} \cap \boldsymbol{y}_{i0}=\varnothing$，则有 $\boldsymbol{x} \cap \boldsymbol{y}=\varnothing$。

定义 2.1.13 对于任给的 $\boldsymbol{X}=\begin{pmatrix} \boldsymbol{x}_{11} & \boldsymbol{x}_{12} & \cdots & \boldsymbol{x}_{1n} \\ \boldsymbol{x}_{21} & \boldsymbol{x}_{22} & \cdots & \boldsymbol{x}_{2n} \\ \vdots & \vdots & \ddots & \vdots \\ \boldsymbol{x}_{n1} & \boldsymbol{x}_{n2} & \cdots & \boldsymbol{x}_{nn} \end{pmatrix}$，$\boldsymbol{Y}=\begin{pmatrix} \boldsymbol{y}_{11} & \boldsymbol{y}_{12} & \cdots & \boldsymbol{y}_{1n} \\ \boldsymbol{y}_{21} & \boldsymbol{y}_{22} & \cdots & \boldsymbol{y}_{2n} \\ \vdots & \vdots & \ddots & \vdots \\ \boldsymbol{y}_{n1} & \boldsymbol{y}_{n2} & \cdots & \boldsymbol{y}_{nn} \end{pmatrix}$ $\in \mathbf{IR}^{n\times n}$，如果 $\boldsymbol{x}_{ij} \subseteq \boldsymbol{y}_{ij}$，$i, j=1, 2, \cdots, n$，则称区间矩阵 $\boldsymbol{Y}$ 包含区间矩阵 $\boldsymbol{X}$ 或区间矩阵 $\boldsymbol{X}$ 包含于区间矩阵 $\boldsymbol{Y}$，记作 $\boldsymbol{X} \subseteq \boldsymbol{Y}$，如果 $\boldsymbol{x}_{ij} \cap \boldsymbol{y}_{ij} \neq \varnothing$，$i, j=1, 2, \cdots, n$，则称这两个区间矩阵有交，此时它们的交仍为区间矩阵，定义为

$$\boldsymbol{X} \cap \boldsymbol{Y} := \begin{pmatrix} \boldsymbol{x}_{11} \cap \boldsymbol{y}_{11} & \boldsymbol{x}_{12} \cap \boldsymbol{y}_{12} & \cdots & \boldsymbol{x}_{1n} \cap \boldsymbol{y}_{1n} \\ \boldsymbol{x}_{21} \cap \boldsymbol{y}_{21} & \boldsymbol{x}_{22} \cap \boldsymbol{y}_{22} & \cdots & \boldsymbol{x}_{2n} \cap \boldsymbol{y}_{2n} \\ \vdots & \vdots & \ddots & \vdots \\ \boldsymbol{x}_{n1} \cap \boldsymbol{y}_{n1} & \boldsymbol{x}_{n2} \cap \boldsymbol{y}_{n2} & \cdots & \boldsymbol{x}_{nn} \cap \boldsymbol{y}_{nn} \end{pmatrix};$$

称区间矩阵

$$\boldsymbol{X} \underline{\cup} Y := \begin{pmatrix} \boldsymbol{x}_{11} \underline{\cup} \boldsymbol{y}_{11} & \boldsymbol{x}_{12} \underline{\cup} \boldsymbol{y}_{12} & \cdots & \boldsymbol{x}_{1n} \underline{\cup} \boldsymbol{y}_{1n} \\ \boldsymbol{x}_{21} \underline{\cup} \boldsymbol{y}_{21} & \boldsymbol{x}_{22} \underline{\cup} \boldsymbol{y}_{22} & \cdots & \boldsymbol{x}_{2n} \underline{\cup} \boldsymbol{y}_{2n} \\ \vdots & \vdots & \ddots & \vdots \\ \boldsymbol{x}_{n1} \underline{\cup} \boldsymbol{y}_{n1} & \boldsymbol{x}_{n2} \underline{\cup} \boldsymbol{y}_{n2} & \cdots & \boldsymbol{x}_{nn} \underline{\cup} \boldsymbol{y}_{nn} \end{pmatrix} \in \mathbf{IR}^{n\times n}$$

为区间矩阵 $\boldsymbol{X}$ 与区间矩阵 $\boldsymbol{Y}$ 的并包，其中 $\boldsymbol{x}_{ij}$，$\boldsymbol{y}_{ij} \in \mathbf{IR}$，$i$，$j=1$，2，…，$n$。

注 2.1.3　特别地，当区间矩阵 $\boldsymbol{X}$ 退化为点(区间)矩阵 $X=(x_{ij}) \in \mathbf{R}^{n\times n}$ 时，$\boldsymbol{X} \subseteq \boldsymbol{Y}$ 的含义就是 $x_{ij} \in \boldsymbol{y}_{ij}$，其中 $x_{ij} \in \mathbf{R}$，$\boldsymbol{y}_{ij} \in \mathbf{IR}$，$i$，$j=1$，2，…，$n$，记作 $X \in \boldsymbol{Y}$。显然，mid$\boldsymbol{X} \in \boldsymbol{X}$。另外，从区间矩阵的交运算定义容易看出，若至少存在一组对应元素有 $\boldsymbol{x}_{i_0j_0} \cap \boldsymbol{y}_{i_0j_0}=\varnothing$，则有 $\boldsymbol{X} \cap \boldsymbol{Y}=\varnothing$。

在 INTLAB 中，用函数 hull($\boldsymbol{X}$，$\boldsymbol{Y}$) 来计算 $\boldsymbol{x} \underline{\cup} \boldsymbol{y}$ ($\boldsymbol{X} \underline{\cup} \boldsymbol{Y}$)，其中 $\boldsymbol{x}$，$\boldsymbol{y} \in \mathbf{IR}$ 或 $\mathbf{IR}^n$ ($\boldsymbol{X}$，$\boldsymbol{Y} \in \mathbf{IR}^{n\times n}$)。

下面介绍区间运算的若干代数性质。

根据定义 2.1.8，容易证明下列事实。

性质 2.1.1　设区间 $\boldsymbol{x}$，$\boldsymbol{y}$，$\boldsymbol{z} \in \mathbf{IR}$，则下式成立：

$$\boldsymbol{x}+\boldsymbol{y}=\boldsymbol{y}+\boldsymbol{x}，\boldsymbol{x}+(\boldsymbol{y}+\boldsymbol{z})=(\boldsymbol{x}+\boldsymbol{y})+\boldsymbol{z}，$$

$$\boldsymbol{x}\cdot\boldsymbol{y}=\boldsymbol{y}\cdot\boldsymbol{x}，(\boldsymbol{x}\cdot\boldsymbol{y})\cdot\boldsymbol{z}=\boldsymbol{x}\cdot(\boldsymbol{y}\cdot\boldsymbol{z})，$$

$$0+\boldsymbol{x}=\boldsymbol{x}+0=\boldsymbol{x}，1\cdot\boldsymbol{x}=\boldsymbol{x}\cdot 1=\boldsymbol{x}，0\cdot\boldsymbol{x}=\boldsymbol{x}\cdot 0=0。$$

性质 2.1.1 表明，(实)数运算的结合律、交换律对于区间运算同样成立。但亦存在一些与(实)数运算不同的代数性质。比如，区间运算就没有分配律。下面通过一个具体例子说明问题。

例 2.1.4 取区间

$$\boldsymbol{x}=[1，2]，\boldsymbol{y}=[1，2]，\boldsymbol{z}=[1，2]，$$

即 $\boldsymbol{x}=\boldsymbol{y}=\boldsymbol{z}=[1，2]$。

因为

$$\begin{aligned}\boldsymbol{x}\cdot(\boldsymbol{y}-\boldsymbol{z}) &= [1，2]\cdot([1，2]-[1，2]) \\ &= [1，2]\cdot[-1，1]=[-2，2]\end{aligned}$$

$$\boldsymbol{x}\cdot\boldsymbol{y}-\boldsymbol{x}\cdot\boldsymbol{z}=[1,2]\cdot[1,2]-[1,2]\cdot[1,2]$$
$$=[1,4]-[1,4]=[-3,3]$$

所以

$$\boldsymbol{x}\cdot(\boldsymbol{y}-\boldsymbol{z})\neq\boldsymbol{x}\cdot\boldsymbol{y}-\boldsymbol{x}\cdot\boldsymbol{z}$$

这表明区间运算的分配律一般是不成立的。不过，因为有

$$-3<-2<2<3$$

所以由定义 2.1.10 可得

$$\boldsymbol{x}\cdot(\boldsymbol{y}-\boldsymbol{z})\subseteq\boldsymbol{x}\cdot\boldsymbol{y}-\boldsymbol{x}\cdot\boldsymbol{z} \tag{2.1.2}$$

包含关系式(2.1.2)通常称为次分配律，这是区间运算所特有的性质。但是亦存在使分配律成立的例子：

设区间 $\boldsymbol{x},\boldsymbol{y},\boldsymbol{z}\in\mathbf{IR}$，

(1) 若 $\boldsymbol{x}$ 为点区间，则

$$\boldsymbol{x}\cdot(\boldsymbol{y}+\boldsymbol{z})=\boldsymbol{x}\cdot\boldsymbol{y}+\boldsymbol{x}\cdot\boldsymbol{z} \tag{2.1.3}$$

成立。

(2) 若 $\boldsymbol{x},\boldsymbol{y},\boldsymbol{z}\in\mathbf{IR}$ 为对称区间，则式(2.1.3)成立。

(3) 若 $\boldsymbol{yz}>0$，则式(2.1.3)亦成立。

另外，从例 2.1.4 中还可以看到两个相等的非退化区间相减不为零，即对于任意的非退化区间 $\boldsymbol{x}=[\underline{x},\overline{x}]\in\mathbf{IR}$ 有

$$\boldsymbol{x}-\boldsymbol{x}=[\underline{x}-\overline{x},\overline{x}-\underline{x}]=[-\mathrm{wid}\,\boldsymbol{x},\mathrm{wid}\,\boldsymbol{x}]\neq 0 \tag{2.1.4}$$

事实上，区间运算有很多不同于(实)数运算的特殊性质，再比如，对于任意的不包含数 0 的非退化区间 $\boldsymbol{x}\in\mathbf{IR}$ 有

$$1\neq\boldsymbol{x}/\boldsymbol{x}=\begin{cases}[\underline{x}/\overline{x},\overline{x}/\underline{x}]，若\ 0<\underline{x}\\ [\overline{x}/\underline{x},\underline{x}/\overline{x}]，若\ \overline{x}<0\end{cases} \tag{2.1.5}$$

更一般的，还有如下事实。

定理 2.1.1 对于任意给定的两非退化区间 $\boldsymbol{x},\boldsymbol{y}\in\mathbf{IR}$，有

$$\mathrm{wid}(\boldsymbol{x}\pm\boldsymbol{y})=\mathrm{wid}\,\boldsymbol{x}+\mathrm{wid}\,\boldsymbol{y}$$

成立。

注 2.1.4 结论(2.1.4)和(2.1.5)表明区间的加、乘运算没有逆运算，

也即区间的减、除运算不是加、乘运算的逆过程。

由此可见，区间四则运算和(实) 数四则运算还是有很大差别的，所以今后在应用区间运算时还需要谨慎对待，不能形而上学、思维定式、想当然。

下面根据定义 2.1.5，2.1.8 和注 2.1.1 给出区间的另外一种表示形式，即中点半径表示法。

对于任意的区间 $\boldsymbol{x} = [\underline{x}, \overline{x}] \in \mathbf{IR}$，有

$$\begin{aligned}
\boldsymbol{x} = [\underline{x}, \overline{x}] &= \left[\frac{\underline{x}+\overline{x}-(\overline{x}-\underline{x})}{2}, \frac{\underline{x}+\overline{x}+(\overline{x}-\underline{x})}{2}\right] \\
&= \left[\frac{\underline{x}+\overline{x}}{2}-\frac{\overline{x}-\underline{x}}{2}, \frac{\underline{x}+\overline{x}}{2}+\frac{\overline{x}-\underline{x}}{2}\right] \\
&= \left[\operatorname{mid}\boldsymbol{x}-\frac{1}{2}\operatorname{wid}\boldsymbol{x}, \operatorname{mid}\boldsymbol{x}+\frac{1}{2}\operatorname{wid}\boldsymbol{x}\right] \\
&= \operatorname{mid}\boldsymbol{x}+\left[-\frac{1}{2}\operatorname{wid}\boldsymbol{x}, \frac{1}{2}\operatorname{wid}\boldsymbol{x}\right] \\
&= \operatorname{mid}\boldsymbol{x}+\frac{1}{2}\operatorname{wid}\boldsymbol{x}\cdot[-1, 1] \\
&= \operatorname{mid}\boldsymbol{x}+\operatorname{rad}\boldsymbol{x}\cdot[-1, 1]
\end{aligned} \tag{2.1.6}$$

特别地，当区间 $\boldsymbol{x} \in \mathbf{IR}$ 为对称区间时，因为 $\operatorname{mid}\boldsymbol{x}=0$ 和 $|x|=\operatorname{wid}\boldsymbol{x}/2$，所以有

$$\boldsymbol{x} = \frac{1}{2}\operatorname{wid}\boldsymbol{x}\cdot[-1, 1] = |\boldsymbol{x}|\cdot[-1, 1] = |\boldsymbol{x}|\,[-1, 1] \tag{2.1.7}$$

值得注意的是，上述区间的中点半径表示形式(2.1.6) 和结论(2.1.7) 对区间向量和区间矩阵也适用。比如，对于任意的 $\boldsymbol{X} = \begin{pmatrix} \boldsymbol{x}_{11} & \boldsymbol{x}_{12} & \cdots & \boldsymbol{x}_{1n} \\ \boldsymbol{x}_{21} & \boldsymbol{x}_{22} & \cdots & \boldsymbol{x}_{2n} \\ \vdots & \vdots & \ddots & \vdots \\ \boldsymbol{x}_{n1} & \boldsymbol{x}_{n2} & \cdots & \boldsymbol{x}_{nn} \end{pmatrix} \in \mathbf{IR}^{n\times n}$，我们有

$$\boldsymbol{X}=\begin{pmatrix}\text{mid}\,\boldsymbol{x}_{11} & \text{mid}\,\boldsymbol{x}_{12} & \cdots & \text{mid}\,\boldsymbol{x}_{1n}\\ \text{mid}\,\boldsymbol{x}_{21} & \text{mid}\,\boldsymbol{x}_{22} & \cdots & \text{mid}\,\boldsymbol{x}_{2n}\\ \vdots & \vdots & \ddots & \vdots\\ \text{mid}\,\boldsymbol{x}_{n1} & \text{mid}\,\boldsymbol{x}_{n2} & \cdots & \text{mid}\,\boldsymbol{x}_{nn}\end{pmatrix}+$$

$$\frac{1}{2}\begin{pmatrix}\text{wid}\,\boldsymbol{x}_{11} & \text{wid}\,\boldsymbol{x}_{12} & \cdots & \text{wid}\,\boldsymbol{x}_{1n}\\ \text{wid}\,\boldsymbol{x}_{21} & \text{wid}\,\boldsymbol{x}_{22} & \cdots & \text{wid}\,\boldsymbol{x}_{2n}\\ \vdots & \vdots & \ddots & \vdots\\ \text{wid}\,\boldsymbol{x}_{n1} & \text{wid}\,\boldsymbol{x}_{n2} & \cdots & \text{wid}\,\boldsymbol{x}_{nn}\end{pmatrix}[-1,\ 1]$$

$$=\text{mid}\,\boldsymbol{X}+\frac{1}{2}\text{wid}\,\boldsymbol{X}\,[-1,\ 1]$$

其中，$\boldsymbol{x}_{ij}\in\mathbf{IR}$，$i$，$j=1$，2，…，$n$。

相比基于一般区间定义的运算规则(定义 2.1.8)，当有对称区间参与运算时，规则要简单许多。

定理 2.1.2　设区间 $\boldsymbol{x}$，$\boldsymbol{y}$，$\boldsymbol{z}\in\mathbf{IR}$，

(1) 若 $\boldsymbol{x}$，$\boldsymbol{y}$，$\boldsymbol{z}$ 均为对称区间，则有

$$\boldsymbol{x}+\boldsymbol{y}=\boldsymbol{x}-\boldsymbol{y}=(|\boldsymbol{x}|+|\boldsymbol{y}|)[-1,\ 1]$$
$$\boldsymbol{x}\boldsymbol{y}=|\boldsymbol{x}||\boldsymbol{y}|[-1,\ 1]$$
$$\boldsymbol{x}(\boldsymbol{y}\pm\boldsymbol{z})=\boldsymbol{x}\boldsymbol{y}+\boldsymbol{x}\boldsymbol{z}=|\boldsymbol{x}|(|\boldsymbol{y}|+|\boldsymbol{z}|)[-1,\ 1]$$

(2) 若 $\boldsymbol{y}$ 为对称区间，则有

$$\boldsymbol{x}\boldsymbol{y}=|\boldsymbol{x}|\boldsymbol{y}$$

(3) 若 $\boldsymbol{y}$，$\boldsymbol{z}$ 为对称区间，则有

$$\boldsymbol{x}(\boldsymbol{y}+\boldsymbol{z})=\boldsymbol{x}\boldsymbol{y}+\boldsymbol{x}\boldsymbol{z}$$

下面给出区间运算的包含单调性。该性质在可信验证中有着至关重要的作用，即验证过程和结果的数学严格性均由该性质来保证。

引理 2.1.1　已知区间 $\boldsymbol{x}=[\underline{x},\ \overline{x}]$，$\boldsymbol{y}=[\underline{y},\ \overline{y}]\in\mathbf{IR}$，对任意 $x\in\boldsymbol{x}$，$y\in\boldsymbol{y}$，有

$$x\odot y\in\boldsymbol{x}\odot\boldsymbol{y}$$

成立，其中"⊙"表示"+，－，·，/"四则运算符。

证明　因为 $x\in\boldsymbol{x}$，$y\in\boldsymbol{y}$，即 $\underline{x}\leqslant x\leqslant\overline{x}$，$\underline{y}\leqslant y\leqslant\overline{y}$，所以

$$\min\{\underline{x}\odot\underline{y},\ \underline{x}\odot\overline{y},\ \overline{x}\odot\underline{y},\ \overline{x}\odot\overline{y}\}\leqslant x\odot y$$
$$\leqslant\max\{\underline{x}\odot\underline{y},\ \underline{x}\odot\overline{y},\ \overline{x}\odot\underline{y},\ \overline{x}\odot\overline{y}\}$$

即

$$x\odot y\in \boldsymbol{x}\odot \boldsymbol{y}$$

注 2.1.5　当“$\odot$”表示“/”时，要求 $0\notin \boldsymbol{y}$。

定理 2.1.3**(区间运算的包含单调性)**　已知区间 $\boldsymbol{x}_1$，$\boldsymbol{x}_2$，$\boldsymbol{y}_1$，$\boldsymbol{y}_2\in\mathbf{IR}$，如果 $\boldsymbol{x}_1\subseteq\boldsymbol{x}_2$，$\boldsymbol{y}_1\subseteq\boldsymbol{y}_2$，则

$$\boldsymbol{x}_1\odot\boldsymbol{y}_1\subseteq\boldsymbol{x}_2\odot\boldsymbol{y}_2 \tag{2.1.8}$$

其中，“$\odot$”表示“+，－，·，/”四则运算符。

证明 对于任意的 $z\in\boldsymbol{x}_1\odot\boldsymbol{y}_1$，由引理 2.1.1 可知，必定存在 $x_1\in\boldsymbol{x}_1$ 和 $y_1\in\boldsymbol{y}_1$ 使

$$z=x_1\odot y_1$$

成立。

又因为

$$\boldsymbol{x}_1\subseteq\boldsymbol{x}_2,\ \boldsymbol{y}_1\subseteq\boldsymbol{y}_2$$

所以 $x_1\in\boldsymbol{x}_2$ 和 $y_1\in\boldsymbol{y}_2$，再由引理 2.1.1 可得

$$x_1\odot y_1\in\boldsymbol{x}_2\odot\boldsymbol{y}_2$$

即是 $z\in\boldsymbol{x}_2\odot\boldsymbol{y}_2$，所以

$$\boldsymbol{x}_1\odot\boldsymbol{y}_1\subseteq\boldsymbol{x}_2\odot\boldsymbol{y}_2$$

注 2.1.6　当“$\odot$”表示“/”时，要求 $0\notin\boldsymbol{y}_1$，$0\notin\boldsymbol{y}_2$。

在本小节的最后，我们简单地指出一下区间四则运算的不足。而区间运算的优势贯穿于本书的始终，所以就不在此重述。

从区间运算的等价定义形式(2.1.1)可以看到，区间四则运算的数据依赖性很严重，即两区间的四则运算实质上就是要求这两区间中的任意两个实数都要进行对应的四则运算。通俗地讲，区间四则运算的这种数据依赖性一般会使两区间运算后得到一个宽度更大的区间。区间运算的这种特点也可以通过区间运算的次分配律[式(2.1.2)]，非退化区间和自己本身的减、除运算不为数 0、1[式(2.1.4)、(2.1.5)]，任意两非退化区间加、减运算后对应的结

果区间宽度等于这两区间宽度的和(定理 2.1.1)，区间的加、乘运算不存在逆运算(注 2.1.4)等性质、结论得到印证。需要指出的是，区间运算的这种特点在实际应用中如果不加考虑的话就会导致严重的后果，下面再通过一个例子来说明问题。

根据区间分析理论和区间迭代法的有关结论可知，如下的两个区间迭代格式：

$$\boldsymbol{x}_{k+1}=\boldsymbol{x}_k-(\boldsymbol{x}_k^2-2)/(2\boldsymbol{x}_k)，k=0，1，2，\cdots \tag{2.1.9}$$

和

$$\boldsymbol{x}_{k+1}=\text{mid }\boldsymbol{x}_k-((\text{mid }\boldsymbol{x}_k)^2-2)/(2\boldsymbol{x}_k)，k=0，1，2，\cdots \tag{2.1.10}$$

均可以给出包含无理数$\sqrt{2}$的区间[26，39]，其中 $\boldsymbol{x}_k$ 表示区间变量，$k=0$，1，2，…。

现取区间 $\boldsymbol{x}_0=[1.4，1.5]$ 为初始迭代区间。显然，$\sqrt{2}\in\boldsymbol{x}_0$。尽管区间 $\boldsymbol{x}_0$ 的宽度已经够小了 ($\text{wid }\boldsymbol{x}_0=0.1$)，但从实际应用的角度看，区间 $\boldsymbol{x}_0=[1.4，1.5]$ 依旧只是无理数$\sqrt{2}$大小的一个很粗糙的界定，参考价值很低。现分别用上述两个区间迭代格式来计算包含$\sqrt{2}$的区间。经过四次迭代后，区间迭代格式(2.1.9)算得的包含区间为

$$\boldsymbol{x}_4^{(1)}=[0.163\ 235\ 833\ 697\ 42，2.456\ 890\ 224\ 490\ 10]$$

而区间迭代格式(2.1.10)算得的包含区间为

$$\boldsymbol{x}_4^{(2)}=[1.414\ 213\ 562\ 373\ 09，1.414\ 213\ 562\ 373\ 10]$$

即有

$$\sqrt{2}\in\boldsymbol{x}_4^{(2)}\subseteq\boldsymbol{x}_0\subseteq\boldsymbol{x}_4^{(1)} \tag{2.1.11}$$

结论(2.1.11)表明，对于相同的初始迭代区间 $\boldsymbol{x}_0=[1.4，1.5]$，经过四次迭代后，迭代格式(2.1.10)给出的区间 $\boldsymbol{x}_4^{(2)}$ 高精度地界定了无理数$\sqrt{2}$的大小，所以结果 $\boldsymbol{x}_4^{(2)}=[1.414\ 213\ 562\ 373\ 09，1.414\ 213\ 562\ 373\ 10]$ 有实用价值，而迭代格式(2.1.9)给出的区间 $\boldsymbol{x}_4^{(1)}=[0.163\ 235\ 833\ 697\ 42，2.456\ 890\ 224\ 490\ 10]$ 却是$\sqrt{2}$大小的一个比 $\boldsymbol{x}_0$ 还粗糙的界定，故实用参考价值更低，甚至可以说是毫无使用价值。这种现象被称为区间运算的过高估计，其

产生的主要原因就是区间运算的数据依赖性，因为迭代格式(2.1.9)中有四个区间变量参与运算，而迭代格式(2.1.10)中只有一个区间变量参与运算。

那么，在实际应用中，我们应该如何去避免区间运算的这种现象呢？在回答这个问题之前，我们先来陈述一个事实。这就是，只要有区间数据参与的运算肯定就会有过高估计现象发生，但也正是因为区间运算的这种特点，才使区间运算具有了包含单调性这么重要的性质，所以不要企图消除区间运算的过高估计现象，想方设法降低区间运算的过高估计才是良策。当然，我们可以选择不用区间数据及其运算解决问题，这样就肯定不会有过高估计现象发生，但这是不现实的，因为在可信验证中必须用区间量及其运算的包含单调性保证验证过程的数学严格性。受上例启发，最好的解决策略就是减少区间数据参与运算。但除此之外，肯定还必须考虑其他的因素，所以如何减低区间运算的过高估计也是一个很有实际意义的研究课题。

2.1.3　区间值函数

定义 2.1.14　设函数 f：$\mathbf{R}^n \to \mathbf{R}$，若存在区间值映射

$$\boldsymbol{f}: \mathbf{IR}^n \to \mathbf{IR}$$

对任意 $x_i \in \boldsymbol{x}_i$，$i=1, \cdots, n$，有

$$\boldsymbol{f}([x_1, x_1], \cdots, [x_n, x_n]) = f(x_1, \cdots, x_n)$$

成立，则称 $\boldsymbol{f}$ 为函数 f 的区间扩展。显然，$\boldsymbol{f}(\boldsymbol{x})$，$\boldsymbol{x} \in \mathbf{IR}^n$ 是一个以区间向量 $\boldsymbol{x}$ 为变量而取值是区间的函数，称为区间值函数，其中 $\boldsymbol{x} = (\boldsymbol{x}_1, \boldsymbol{x}_2, \cdots, \boldsymbol{x}_n)^{\mathrm{T}}$，$\boldsymbol{x}_i \in \mathbf{IR}$，$i=1, 2, \cdots, n$。

注 2.1.7　从定义 2.1.14 容易看出，当区间向量 $\boldsymbol{x}$ 为点向量时，区间值函数 $\boldsymbol{f}$ 即为 f。

定义 2.1.15　设区间值函数 $\boldsymbol{f}$：$\mathbf{IR}^n \to \mathbf{IR}$，$\boldsymbol{x}$，$\boldsymbol{y} \in \mathbf{IR}^n$ 且满足

$$\boldsymbol{x} \subseteq \boldsymbol{y}$$

如果

$$\boldsymbol{f}(\boldsymbol{x}) \subseteq \boldsymbol{f}(\boldsymbol{y})$$

成立，则称区间值函数 $\boldsymbol{f}$ 具包含单调性。

定义 2.1.16　表达式由有限多个区间的四则运算组合而成的函数称为区

间有理函数。

定理 2.1.4　区间有理函数具包含单调性。

证明　由区间四则运算的包含单调性定理 2.1.3 即可得证。

推论 2.1.1　设区间值函数 $\boldsymbol{f}$ 是有理函数 f：$\mathbf{R}^n \to \mathbf{R}$ 的区间扩展，则区间值函数 $\boldsymbol{f}$ 具包含单调性。

证明 因为有理函数的区间扩展是区间有理函数，所以由定理 2.1.4 即可得证。

定理 2.1.5　设区间值函数 $\boldsymbol{f}$ 是函数 f：$\mathbf{R}^n \to \mathbf{R}$ 的具包含单调性的区间扩展，$\boldsymbol{x} \in \mathbf{IR}^n$ 是任一给定的区间向量，则

$$f(\boldsymbol{x}) \subseteq \boldsymbol{f}(\boldsymbol{x}) \tag{2.1.12}$$

成立，其中 $f(\boldsymbol{x}) := \{f(x) \mid \forall x \in \boldsymbol{x}\}$，表示函数 f 在区间 $\boldsymbol{x}$ 上的值域。

证明 由定义 2.1.14、2.1.15 容易推出包含关系式(2.1.12)。

推论 2.1.2　设区间值函数 $\boldsymbol{f}$ 是有理函数 f：$\mathbf{R}^n \to \mathbf{R}$ 的区间扩展，则对 $\forall \boldsymbol{x} \in \mathbf{IR}^n$，包含关系式(2.1.12) 成立。

注 2.1.8　包含关系式(2.1.12) 表明，如果函数 f 的区间扩展 $\boldsymbol{f}$ 具包含单调性，则 f 在任一给定区间 $\boldsymbol{x}$ 上的值域就可通过计算 $\boldsymbol{f}(\boldsymbol{x})$ 近似求得。当然，这里存在一个误差问题，即集合 $\boldsymbol{f}(\boldsymbol{x})$ 与 $f(\boldsymbol{x})$ 差别多大。这是一个十分严肃的问题，因为区间运算的数据依赖性有可能造成区间 $\boldsymbol{f}(\boldsymbol{x})$ 的宽度远远超过集合 $f(\boldsymbol{x})$ 的闭包的宽度。这也是一个很重要的问题，因为它可以导出确定函数值域的简便计算方法，是有实用价值的。

定义 2.1.17　设映射 f：$\mathbf{R}^n \to \mathbf{R}^n$，如果 $\boldsymbol{f}_i$ 是函数 f_i：$\mathbf{R}^n \to \mathbf{R}$，$i=1$，2，…，$n$ 的区间扩展，则称

$$\boldsymbol{f} = (\boldsymbol{f}_1, \boldsymbol{f}_2, \cdots, \boldsymbol{f}_n)^{\mathrm{T}}$$

为映射 f 的区间扩展，其中 $f=(f_1, f_2, \cdots, f_n)^{\mathrm{T}}$。进而，如果 $\boldsymbol{f}_i$ 是 f_i，$i=1$，2，…，n 的具包含单调性的区间扩展，则称(区间值) 映射 $\boldsymbol{f}$ 具包含单调性。

定义 2.1.18　设映射 F：$\mathbf{R}^n \to \mathbf{R}^{n\times n}$，如果 $\boldsymbol{f}_{ij}$ 是函数 f_{ij}：$\mathbf{R}^n \to \mathbf{R}$，$i$，$j=1$，2，…，$n$ 的区间扩展，则称

$$\boldsymbol{F}=\begin{pmatrix}\boldsymbol{f}_{11} & \boldsymbol{f}_{12} & \cdots & \boldsymbol{f}_{1n}\\ \boldsymbol{f}_{21} & \boldsymbol{f}_{22} & \cdots & \boldsymbol{f}_{2n}\\ \vdots & \vdots & \ddots & \vdots\\ \boldsymbol{f}_{n1} & \boldsymbol{f}_{n2} & \cdots & \boldsymbol{f}_{nn}\end{pmatrix}$$

为映射 F 的区间扩展，其中 $F=\begin{pmatrix}f_{11} & f_{12} & \cdots & f_{1n}\\ f_{21} & f_{22} & \cdots & f_{2n}\\ \vdots & \vdots & \ddots & \vdots\\ f_{n1} & f_{n2} & \cdots & f_{nn}\end{pmatrix}$。进而，如果 $\boldsymbol{f}_{ij}$ 是 f_{ij}，i，$j=1$，2，…，n 的具包含单调性的区间扩展，则称（区间值）映射 $\boldsymbol{F}$ 具包含单调性。

在本小节最后，应用区间算术理论和区间值函数的有关知识，我们介绍两个重要的（区间）算子。

定义 2.1.19（**区间牛顿算子**[26]）　设映射 $f: D\subseteq \mathbf{R}^n \to \mathbf{R}^n$ 在区域 D 上连续可微，$J_f(x)$ 为 $f(x)$，$x\in D$ 的雅可比矩阵，$\boldsymbol{x}\in \mathbf{I}(D)$，$\boldsymbol{J}_f(\boldsymbol{x})$ 是 $J_f(x)$ 的具包含单调性的区间扩展，称

$$N(\boldsymbol{x})=\mathrm{mid}\ \boldsymbol{x}-\mathbf{V}(\boldsymbol{x})f(\mathrm{mid}\ \boldsymbol{x}) \tag{2.1.13}$$

为区间牛顿算子，其中 $\mathbf{I}(D)$ 表示区域 D 上所有区间向量构成的集合，$\mathbf{V}(\boldsymbol{x})\in \mathbf{IR}^{n\times n}$ 表示包含区间矩阵 $\boldsymbol{J}_f(\boldsymbol{x})$ 的逆的区间矩阵。

区间牛顿算子（2.1.13）最先由 Moore 在 1966 年研究非线性方程组（1.2.7）的区间迭代解法时提出。后来，在 1977 年 Moore[30] 又用该区间算子首次建立了检验方程组（1.2.7）解存在的可信验证方法。然而，由于区间算子（2.1.13）涉及区间矩阵 $\mathbf{V}(\boldsymbol{x})$ 的计算，这实际就是要计算区间矩阵的逆，相当于求解一具区间系数的线性代数方程组，计算工作量极大。所以，不管是用区间算子（2.1.13）构造方程组（1.2.7）的区间迭代解法，还是用其建立检验方程组（1.2.7）解存在的可信验证方法，都不是一个行之有效的方法。但是，区间牛顿算子（2.1.13）的理论价值是不可磨灭的。因为它是具有开创性质的，其后的区间迭代解法和解的可信验证方法，都是在它的基础上经过研究与改进而建立起来的。

1969 年，Krawczyk[28] 针对区间牛顿算子（2.1.13）在计算量方面的缺

陷，提出了一种区间牛顿算子的改进，建立了不需要计算区间矩阵逆的 Krawczyk 区间算子(2.1.14)。随后，基于 Krawczyk 区间算子(2.1.14)，求解非线性方程组(1.2.7)的区间迭代解法及其收敛理论被建立。1978 年，Moore 又利用该区间算子建立了检验方程组(1.2.7)解存在的可信验证方法。值得一提的是，时至今日，基于 Krawczyk 区间算子(2.1.14)建立的区间迭代解法和解的可信验证方法仍然是计算和验证方程组(1.2.7)解及其存在的最为基本最为实用的方法。在本书中，我们把这类基于 Krawczyk 区间算子(2.1.14)建立的求解和验证方法称为主流区间迭代解法和主流可信验证方法。

定义 2.1.20(**Krawczyk 区间算子**)　设映射 $f: D \subseteq \mathbf{R}^n \to \mathbf{R}^n$ 在区域 D 上连续可微。对任一给定的区间向量 $\boldsymbol{x} \in \mathbf{I}(D)$，$\tilde{x} \in \boldsymbol{x}$，$\boldsymbol{J}_f(\boldsymbol{x})$ 是 $J_f(x)$ 的具包含单调性的区间扩展，称

$$\boldsymbol{K}(\boldsymbol{x}, \tilde{x}) = \tilde{x} - Rf(\tilde{x}) + (I_n - R\boldsymbol{J}_f(\boldsymbol{x}))(\boldsymbol{x} - \tilde{x}) \tag{2.1.14}$$

为 Krawczyk 区间算子，其中 R 为任意的 $n \times n$ 阶非奇异实矩阵。

从定义 2.1.20 可以看出，在 Krawczyk 区间算子(2.1.14)中，除 $\tilde{x}$ 可在 $\boldsymbol{x}$ 中任取外，非奇异矩阵 R 亦是任意的。其实矩阵 R 的选择是很重要的，R 的选择适当与否，直接关系着区间迭代解法的收敛速度和可信验证的成功与否。这个事实很重要，笔者就是利用 Krawczyk 区间算子(2.1.14)的这一特点对非线性方程组(1.2.7)的主流可信验证算法作了改进。有关理论分析和数值结果都表明，在一般情况下，改进后的可信验证算法不仅可以给出宽度更小(或至少相同)的解的闭包含，而且还降低了计算量。详情见第 3 章。

2.1.4　区间迭代法及其收敛理论

本小节简要介绍区间序列的收敛概念和非线性方程组(1.2.7)区间迭代解法的相关内容。

由于序列的收敛概念依赖于距离概念，故首先在区间集合 **IR** 中引进距离。

定义 2.1.21　对于任给的区间 $\boldsymbol{x} = [\underline{x}, \overline{x}]$，$\boldsymbol{y} = [\underline{y}, \overline{y}] \in \mathbf{IR}$，其之间的距离定义为

$$d(\boldsymbol{x}, \boldsymbol{y}) = \max\{|\underline{x} - \underline{y}|, |\overline{x} - \overline{y}|\} \tag{2.1.15}$$

注 2.1.9　容易看出，式(2.1.15)定义的距离满足

(1)$d(\boldsymbol{x}, \boldsymbol{y}) \geqslant 0$，当且仅当 $\boldsymbol{x} = \boldsymbol{y}$ 时，等号成立；

(2)$d(\boldsymbol{x}, \boldsymbol{y}) = d(\boldsymbol{y}, \boldsymbol{x})$；

(3)$d(\boldsymbol{x}, \boldsymbol{z}) \leqslant d(\boldsymbol{x}, \boldsymbol{y}) + d(\boldsymbol{y}, \boldsymbol{z})$，$\forall \boldsymbol{x}, \boldsymbol{y}, \boldsymbol{z} \in \mathbf{IR}$。

又由式(2.1.15)可知，当 $\boldsymbol{x}$，$\boldsymbol{y}$ 为点区间(即 $\boldsymbol{x} = [x, x]$，$\boldsymbol{y} = [y, y]$)时，则有

$$d(\boldsymbol{x}, \boldsymbol{y}) = |x - y|$$

此即 $\mathbf{R}$ 上的两点间的距离

定义 2.1.22　已知区间序列$\{\boldsymbol{x}^{(k)}\}_{k\in\mathbf{N}}$，如果存在 $\boldsymbol{x} \in \mathbf{IR}$，使

$$\lim_{k\to\infty} d(\boldsymbol{x}^{(k)}, \boldsymbol{x}) = 0 \tag{2.1.16}$$

成立，则称此序列是收敛的，而且 $\boldsymbol{x}$ 是它的极限。

显然，极限 $\boldsymbol{x}$ 是唯一的。

定义 2.1.23　如果区间序列$\{\boldsymbol{x}^{(k)}\}_{k\in\mathbf{N}}$ 对一切 $k \in \mathbf{N}$，满足

$$\boldsymbol{x}^{(k+1)} \subseteq \boldsymbol{x}^{(k)} \tag{2.1.17}$$

则称此序列为区间套序列。

命题 2.1.1　每一个区间套序列$\{\boldsymbol{x}^{(k)}\}_{k\in\mathbf{N}}$ 都是收敛的，且有极限 $\boldsymbol{x} = \bigcap\limits_{k=0}^{\infty} \boldsymbol{x}^{(k)}$。

证明 若记 $\boldsymbol{x}^{(k)} = [\underline{x}^{(k)}, \overline{x}^{(k)}]$，$k \in \mathbf{N}$，则$\{\underline{x}^{(k)}\}_{k\in\mathbf{N}}$ 为一单调增上有界数列，而$\{\overline{x}^{(k)}\}_{k\in\mathbf{N}}$ 为一单调减下有界数列。因此，这两个数列必收敛，设它们的极限为 $\underline{x}$，$\overline{x}$。又由于$\underline{x}^{(k)} \leqslant \overline{x}^{(k)}$，对一切 k 成立，故亦有 $\underline{x} \leqslant \overline{x}$。这就表明，存在区间 $\boldsymbol{x} = [\underline{x}, \overline{x}]$，有

$$\lim_{k\to\infty} d(\boldsymbol{x}^{(k)}, \boldsymbol{x}) = 0$$

成立，且有 $\boldsymbol{x} = \bigcap\limits_{k=0}^{\infty} \boldsymbol{x}^{(k)}$。

事实上，我们还可以证明，若 $\boldsymbol{y} = \bigcap\limits_{k=0}^{\infty} \boldsymbol{x}^{(k)}$ 非空，区间序列$\{\boldsymbol{y}^{(k)}\}_{k\in\mathbf{N}}$ 由下式构成：

$$\boldsymbol{y}^{(0)} = \boldsymbol{x}^{(0)},\ \boldsymbol{y}^{(k+1)} = \boldsymbol{x}^{(k+1)} \cap \boldsymbol{y}^{(k)},\ k = 0, 1, 2, 3, \cdots$$

则序列$\{\boldsymbol{y}^{(k)}\}_{k\in\mathbf{N}}$为一区间套序列，且其极限为$\boldsymbol{y}$。

定义 2.1.24　若区间套序列$\{\boldsymbol{x}^{(k)}\}_{k\in\mathbf{N}}$的极限为点区间，则称该区间序列为点收敛序列。

对于点收敛的区间套序列$\{\boldsymbol{x}^{(k)}\}_{k\in\mathbf{N}}$，我们还可以用各区间宽度构成的数列$\{\mathrm{wid}\,\boldsymbol{x}^{(k)}\}_{k\in\mathbf{N}}$收敛于0来描述，即有如下定理。

定理 2.1.6　区间套序列$\{\boldsymbol{x}^{(k)}\}_{k\in\mathbf{N}}$为点收敛序列的充要条件是

$$\lim_{k\to\infty}\mathrm{wid}\,\boldsymbol{x}^{(k)}=0 \tag{2.1.18}$$

对于点收敛区间序列$\{\boldsymbol{x}^{(k)}\}_{k\in\mathbf{N}}$的收敛速度，有以下三种定义：

(1) 线性收敛。若有实数列$\{q_k\}_{k\in\mathbf{N}}$，$0\leqslant q_k<1$存在，使对一切$k\in\mathbf{N}$有

$$\mathrm{wid}\,\boldsymbol{x}^{(k+1)}\leqslant q_k\,\mathrm{wid}\,\boldsymbol{x}^{(k)}$$

成立。

(2) 超线性收敛。若有收敛于0的正实数列$\{q_k\}_{k\in\mathbf{N}}$存在，使对一切$k\in\mathbf{N}$有

$$\mathrm{wid}\,\boldsymbol{x}^{(k+1)}\leqslant q_k\,\mathrm{wid}\,\boldsymbol{x}^{(k)}$$

成立。

(3)α-次收敛。若存在正实数q和正整数$\alpha\geqslant 2$，使对一切$k\in\mathbf{N}$有

$$\mathrm{wid}\,\boldsymbol{x}^{(k+1)}\leqslant q\,(\mathrm{wid}\,\boldsymbol{x}^{(k)})^{\alpha}$$

成立。

特别地，当$\alpha=2$时，称点收敛区间序列$\{\boldsymbol{x}^{(k)}\}_{k\in\mathbf{N}}$为二次收敛序列。

下面再次使用逐元定义规则把区间序列的有关概念和结论推广至区间体。

定义 2.1.25　已知区间向量序列$\{\boldsymbol{x}^{(k)}=(\boldsymbol{x}_1^{(k)},\ \boldsymbol{x}_2^{(k)},\ \cdots,\ \boldsymbol{x}_n^{(k)})^{\mathrm{T}}\}_{k\in\mathbf{N}}$如果存在区间向量$\boldsymbol{x}=(\boldsymbol{x}_1,\ \boldsymbol{x}_2,\ \cdots,\ \boldsymbol{x}_n)^{\mathrm{T}}\in\mathbf{IR}^n$，使

$$\lim_{k\to\infty}d(\boldsymbol{x}_i^{(k)},\ \boldsymbol{x}_i)=0,\ i=1,\ 2,\ \cdots,\ n \tag{2.1.19}$$

成立，则称此区间向量序列是收敛的，而且$\boldsymbol{x}$是它的极限。

类似地，对于区间矩阵序列$\left\{\boldsymbol{X}^{(k)}=\begin{pmatrix}\boldsymbol{x}_{11}^{(k)} & \boldsymbol{x}_{12}^{(k)} & \cdots & \boldsymbol{x}_{1n}^{(k)}\\ \boldsymbol{x}_{21}^{(k)} & \boldsymbol{x}_{22}^{(k)} & \cdots & \boldsymbol{x}_{2n}^{(k)}\\ \vdots & \vdots & \ddots & \vdots\\ \boldsymbol{x}_{n1}^{(k)} & \boldsymbol{x}_{n2}^{(k)} & \cdots & \boldsymbol{x}_{nn}^{(k)}\end{pmatrix}\right\}_{k\in\mathbf{N}}$，如果存

在区间矩阵 $\boldsymbol{X}=\begin{pmatrix}\boldsymbol{x}_{11} & \boldsymbol{x}_{12} & \cdots & \boldsymbol{x}_{1n}\\ \boldsymbol{x}_{21} & \boldsymbol{x}_{22} & \cdots & \boldsymbol{x}_{2n}\\ \vdots & \vdots & \ddots & \vdots\\ \boldsymbol{x}_{n1} & \boldsymbol{x}_{n2} & \cdots & \boldsymbol{x}_{nn}\end{pmatrix}\in \mathbf{IR}^{n\times n}$，使

$$\lim_{k\to\infty} d(\boldsymbol{x}_{ij}^{(k)},\ \boldsymbol{x}_{ij})=0,\ i,\ j=1,\ 2,\ \cdots,\ n \tag{2.1.20}$$

成立，则称此区间矩阵序列是收敛的，而且 $\boldsymbol{X}$ 是它的极限。

显然，收敛的区间向量(矩阵)序列的极限 $\boldsymbol{x}(\boldsymbol{X})$ 也是唯一的。

定义 2.1.26　如果区间向量(矩阵)序列$\{\boldsymbol{x}^{(k)}\}_{k\in\mathbf{N}}(\{\boldsymbol{X}^{(k)}\}_{k\in\mathbf{N}})$，对一切 $k\in\mathbf{N}$，满足

$$\boldsymbol{x}^{(k+1)}(\boldsymbol{X}^{k+1})\subseteq \boldsymbol{x}^{(k)}(\boldsymbol{X}^{(k)}) \tag{2.1.21}$$

则称此区间向量(矩阵)序列为区间向量(矩阵)套序列。

命题 2.1.2　每一个区间向量(矩阵)套序列$\{\boldsymbol{x}^{(k)}=(\boldsymbol{x}_1^{(k)},\ \boldsymbol{x}_2^{(k)},\ \cdots,\ \boldsymbol{x}_n^{(k)})^{\mathrm{T}}\}_{k\in\mathbf{N}}(\{\boldsymbol{X}^{(k)}=(\boldsymbol{x}_{ij}^{(k)}),\ i,\ j=1,\ 2,\ \cdots,\ n\}_{k\in\mathbf{N}})$ 都是收敛的，且有极限 $\boldsymbol{x}=\bigcap\limits_{k=0}^{\infty}\boldsymbol{x}^{(k)}(\boldsymbol{X}=\bigcap\limits_{k=0}^{\infty}\boldsymbol{X}^{(k)})$，其中

$$\boldsymbol{x}=(\bigcap_{k=0}^{\infty}\boldsymbol{x}_1^{(k)},\ \bigcap_{k=0}^{\infty}\boldsymbol{x}_2^{(k)},\ \cdots,\ \bigcap_{k=0}^{\infty}\boldsymbol{x}_n^{(k)})^{\mathrm{T}}$$

$$(\boldsymbol{X}=(\bigcap_{k=0}^{\infty}\boldsymbol{x}_{ij}^{(k)}),\ i,\ j=1,\ 2,\ \cdots,\ n)$$

证明　对区间向量(矩阵)套序列$\{\boldsymbol{x}^{(k)}\}_{k\in\mathbf{N}}(\{\boldsymbol{X}^{(k)}\}_{k\in\mathbf{N}})$ 中同一位置上的元素逐次应用命题 2.1.1 即可得证。

定义 2.1.27　若区间向量(矩阵)套序列$\{\boldsymbol{x}^{(k)}\}_{k\in\mathbf{N}}(\{X^{(k)}\}_{k\in\mathbf{N}})$ 的极限为点区间向量(矩阵)，则称该区间向量(矩阵)序列为点收敛区间向量(矩阵)序列。

定理 2.1.7　区间向量(矩阵)套序列$\{\boldsymbol{x}^{(k)}\}_{k\in\mathbf{N}}(\{\boldsymbol{X}^{(k)}\}_{k\in\mathbf{N}})$ 为点收敛序列的充要条件是

$$\lim_{k\to\infty}\max_{1\leqslant i\leqslant n}\{\mathrm{wid}\,\boldsymbol{x}^{(k)}\}=0(\lim_{k\to\infty}\max_{1\leqslant i,\ j\leqslant n}\{\mathrm{wid}\,\boldsymbol{X}^{(k)}\}=0) \tag{2.1.22}$$

对于点收敛区间向量(矩阵)序列$\{\boldsymbol{x}^{(k)}\}_{k\in\mathbf{N}}(\{\boldsymbol{X}^{(k)}\}_{k\in\mathbf{N}})$ 的收敛速度，亦有以下三种定义。

(1) 线性收敛。若有实数列$\{q_k\}_{k\in\mathbf{N}}$，$0\leqslant q_k<1$ 存在，使对一切 $k\in\mathbf{N}$ 有

$$\max_{1\leqslant i\leqslant n}\{\text{wid}\,\boldsymbol{x}^{(k+1)}\}\ (\max_{1\leqslant i,\ j\leqslant n}\{\text{wid}\,\boldsymbol{X}^{k+1}\})$$
$$\leqslant q_k\max_{1\leqslant i\leqslant n}\{\text{wid}\,\boldsymbol{x}^{(k)}\}\ (\max_{1\leqslant i,\ j\leqslant n}\{\text{wid}\,\boldsymbol{X}^{k}\})$$

成立。

(2) 超线性收敛。若有收敛于 0 的正实数列$\{q_k\}_{k\in\mathbf{N}}$存在，使对一切 $k\in\mathbf{N}$ 有

$$\max_{1\leqslant i\leqslant n}\{\text{wid}\,\boldsymbol{x}^{(k+1)}\}\ (\max_{1\leqslant i,\ j\leqslant n}\{\text{wid}\,\boldsymbol{X}^{k+1}\})$$
$$\leqslant q_k\max_{1\leqslant i\leqslant n}\{\text{wid}\,\boldsymbol{x}^{(k)}\}\ (\max_{1\leqslant i,\ j\leqslant n}\{\text{wid}\,\boldsymbol{X}^{k}\})$$

成立。

(3)α- 次收敛。若存在正实数 q 和正整数 $c\geqslant 2$，使对一切 $k\in\mathbf{N}$ 有

$$\max_{1\leqslant i\leqslant n}\{\text{wid}\,\boldsymbol{x}^{(k+1)}\}\ (\max_{1\leqslant i,\ j\leqslant n}\{\text{wid}\,\boldsymbol{X}^{k+1}\})$$
$$\leqslant q\ (\max_{1\leqslant i\leqslant n}\{\text{wid}\,\boldsymbol{x}^{(k)}\})^{\alpha}\ ((\max_{1\leqslant i,\ j\leqslant n}\{\text{wid}\,\boldsymbol{X}^{(k)}\})^{\alpha})$$

成立。

特别地，当 $\alpha=2$ 时，称点收敛区间向量(矩阵) 序列$\{\boldsymbol{x}^{(k)}\}_{k\in\mathbf{N}}$ ($\{\boldsymbol{X}^{k}\}_{k\in\mathbf{N}}$) 为二次收敛序列。

下面介绍求解非线性方程组(1. 2. 7) 的区间迭代法及其收敛理论。

建立方程组(1. 2. 7) 区间迭代解法的想法首先是由日本学者 Sunaga[23-24] 提出的，而将该想法发扬光大并付诸实施的是德国学者 Moore。1966 年，Moore[26] 首次利用区间牛顿算子(2. 1. 13) 提出了如下的求解非线性方程组(1. 2. 7) 的区间迭代法，称之为区间牛顿迭代法。

$$\begin{cases}\boldsymbol{x}^{(k+1)}=\boldsymbol{x}^{(k)}\cap N(\boldsymbol{x}^{(k)}),\\ N(\boldsymbol{x}^{(k)})=\text{mid}\,\boldsymbol{x}^{(k)}-\boldsymbol{V}(\boldsymbol{x}^{(k)})f(\text{mid}\boldsymbol{x}^{(k)}),\\ k=0,\ 1,\ 2,\ \cdots\end{cases}\tag{2.1.23}$$

区间牛顿迭代法(2. 1. 23) 的最大特点就是，在每次迭代过程中产生了解的界限，从而不仅取得了解的近似，同时亦取得了相应的误差。显然，一般点迭代法不具备该特点。Moore 的这一新思想，引起了许多学者的重视。Hansen，Nickel 和 Krawczyk 等都在 Moore 新方法的基础上做了许多完善与改进的工作。特别应该指出的是，在 1969 年 Krawczyk[28] 针对 Moore 型区间牛顿迭代法(2. 1. 23) 在计算量方面的缺陷，改进了区间牛顿算子(2. 1. 13)，提

出了一种不需要计算区间矩阵逆的新区间迭代解法，称之为 Krawczyk 区间牛顿迭代法。

$$\begin{cases} \boldsymbol{x}^{(k+1)} = \boldsymbol{x}^{(k)} \cap \boldsymbol{K}(\boldsymbol{x}^{(k)}), \\ \boldsymbol{K}(\boldsymbol{x}^{(k)}) = \text{mid}\, \boldsymbol{x}^{(k)} - Rf(\text{mid}\, \boldsymbol{x}^{(k)}) + \\ \qquad (I_n - R\boldsymbol{J}_f(\boldsymbol{x}^{(k)}))(\boldsymbol{x}^{(k)} - \text{mid}\, \boldsymbol{x}^{(k)}), \\ k = 0, 1, 2, \cdots \end{cases} \tag{2.1.24}$$

其中，区间算子 $\boldsymbol{K}(\boldsymbol{x}^{(k)})$ 为 Krawczyk 区间算子(2.1.14)在 $\tilde{x} = \text{mid}\, \boldsymbol{x}^{(k)}$ 时对应的表示形式，矩阵 $R \in \mathbf{R}^{n\times n}$ 为任意的非奇异矩阵。

由于矩阵 R 的选择恰当与否直接关系着区间迭代法(2.1.24)的收敛性与收敛速度，结合点牛顿迭代解法的收敛理论，从理论和实用两方面考虑，矩阵 R 较好的一种取法为 $R = (\text{mid}\, \boldsymbol{J}_f(\boldsymbol{x}^{(k)}))^{-1}$。1978 年，就矩阵 R 的上述取法，Moore[47] 给出了如下的有关 Krawczyk 区间牛顿迭代法(2.1.24)的存在收敛性定理。

定理 2.1.8 [47]　设映射 $f: D \in \mathbf{R}^n \to \mathbf{R}^n$ 在区域 D 上连续可微，$\boldsymbol{X} \in \mathbf{I}(D)$，$\boldsymbol{J}_f(\boldsymbol{x})$ 是 $J_f(x)$ 的具包含单调性的区间扩展。若初始区间向量 $\boldsymbol{x}^{(0)} \subseteq \boldsymbol{x}$ 是一个 $\boldsymbol{n}$ 维立方体，算法由式(2.1.24)定义，相应的 $\boldsymbol{K}(\boldsymbol{x}^{(0)})$ 满足 $\boldsymbol{K}(\boldsymbol{x}^{(0)}) \subset \text{int}(\boldsymbol{X}^{(0)})$，则有如下结论：

(1) 在 $\boldsymbol{x}^{(0)}$ 中方程组(1.2.7)有解 $\hat{x}$ 存在；

(2) 对任意 $k \in \mathbf{N}$，有 $\boldsymbol{x}^{(k+1)} \subseteq \boldsymbol{x}^{(k)}$，且 $\hat{x} \in \bigcap_{k=0}^{\infty} \boldsymbol{x}^{(k)}$；

(3) 方程组(1.2.7)在 $\boldsymbol{x}^{(0)}$ 中有唯一解，算法(2.1.24)所确定的区间套向量序列 $\{\boldsymbol{x}^{(k)}\}$ 至少线性收敛于这个唯一解。

值得一提的是，检验非线性方程组(1.2.7)解存在的主流可信验证方法就是在定理2.1.8的基础上经过研究与改进而建立起来的，所以该结论也是从区间运算过渡到可信验证的一个标志性定理。

关于非线性方程组(1.2.7)的区间迭代解法的全局收敛性问题，1977 年，Moore 和 Jones[71] 给出了一个取得可靠的初始区间向量的搜索程序。这个程序的基本思想是：根据 Krawczyk 区间算子的性质，利用对分区间向量的方法，排除无解部分，逐次按照这个原则进行搜索，最终取得具有存在收敛性质的安全的初始区间向量。这个搜索程序，可以为区间算法(2.1.24)提供安全的初始区间向量。特别地，Jones[72] 又在 1979 年证明了这种对分排除搜索程序，经过有限次数的对分排除，就能找到可靠的初始区间向量或确定非线性系统在某区间向量中无解。应该认为，这种搜索程序是具全局性质的，它不需要更多的条件就可以为区间迭代与点迭代提供安全的初始区间向量以及可靠的初始近似。

2.1.5 INTLAB

由于本书中的可信验证方法都是借助 INTLAB 软件实现的，所以在本章的最后(即本小节)，我们简要地介绍一下 INTLAB 数学软件。有关 INTLAB 软件内容及使用的详细介绍请参见文献[73]。

INTLAB，一个用于可信计算的 Matlab 工具箱(比如，在 2004 年 Bornemann，Laurie，Wagon 和 Stan 等[74] 使用其解决了 Trefethen[75] 于 2002 年提出的 SIAM10 × 10 位数挑战中的一半问题)，由 Rump[32] 开发并编写而成，其基本运算对象是区间量。在 IEEE 754[76] 浮点运算标准下，INTLAB 软件使用基于定向舍入规则精确定义的区间端点外舍规则实现区间四则运算，即 INTLAB 在每一步运算后输出的结果区间的下端点是不大于真实结果区间下端点的最大浮点数，而右端点是不小于真实结果区间上端点的最小浮点数。

基于上述的端点舍入规则和一定的实用理论及技巧[77-81]，INTLAB 软件还最好可能地实现了所有基本初等函数区间扩展的赋值问题，即对任一输入区间，由区间扩展函数算出的结果区间是对应函数在该输入区间上的值域的最紧包含区间。所以，根据区间运算的包含单调性(即定理 2.1.3)可知，在 INTLAB 软件环境中，表达式含基本初等函数区间扩展的区间有理函数也都具包含单调性。

最后，我们列出本书用到的主要 INTLAB 命令和函数及其具体功能。

(1) 命令 infsup(a, b) 用来生成区间 $[a, b]$，其中 $a, b \in \mathbf{R}$。

(2) 命令 intval('x') 用来生成包含向量 $x \in \mathbf{R}^n$ 的最好可能的区间向量。

(3) 函数 setround(A) 用来切换舍入规则模式，其中，当 $a=0$ 时，接下来

的运算命令均执行最近舍入规则，即

$$|\mathrm{fl}(x)-x|=\min\{|f-x|:f\in\mathbf{F}\}$$

其中，$x\in\mathbf{R}$，$\mathrm{fl}(x)$ 表示实数 x 的输出结果，$\mathbf{F}$ 表示所有浮点数组成的集合，直至切换为另一种舍入规则模式；当 $a=1$ 时，接下来的运算命令均执行定向 $+\infty$ 舍入规则，即

$$\mathrm{flup}(x)=\min\{f\in\mathbf{F}:x\leqslant f\}$$

其中，$\mathrm{flup}(x)$ 表示实数 x 的输出结果，直至切换为另一种舍入规则模式；而当 $a=-1$ 时，接下来的运算命令均执行定向 $-\infty$ 舍入规则，即

$$\mathrm{fldown}(x)=\max\{f\in\mathbf{F}:f\leqslant x\}$$

其中，$\mathrm{fldown}(x)$ 表示实数 x 的输出结果，直至切换为另一种舍入规则模式。

(4) 命令 $f(\mathrm{gradientinit}(\boldsymbol{x}))$ 用来计算连续可微的非线性映射 $f:D\subseteq\mathbf{R}^n\to\mathbf{R}^n$ 及其雅可比矩阵映射 $J_f:D\subseteq\mathbf{R}^n\to\mathbf{R}^{n\times n}$ 在区间向量 $\boldsymbol{x}\in\mathbf{I}(D)$ 上的值域的最好可能的包含区间向量和区间矩阵[82-84]。

(5) 命令 $\boldsymbol{f}(\mathrm{hessianinit}(x))$ 用来计算二阶连续可微的非线性函数 $f:D\subseteq\mathbf{R}^n\to\mathbf{R}$ 及其梯度向量映射 $\nabla f:D\subseteq\mathbf{R}^n\to\mathbf{R}^n$，海森(Hessian)矩阵映射 $H_f:D\subseteq\mathbf{R}^n\to\mathbf{R}^{n\times n}$ 在区间向量 $\boldsymbol{x}\in\mathbf{I}(D)$ 上的值域的最好可能的包含区间、区间向量和区间矩阵[82-84]。

(6) 函数 hull$(\boldsymbol{X},\boldsymbol{Y})$ 用来计算 $\boldsymbol{x}\,\underline{\cup}\,\boldsymbol{y}(\boldsymbol{X}\,\underline{\cup}\,\boldsymbol{Y})$，其中 $\boldsymbol{x},\boldsymbol{y}\in\mathbf{IR}$ 或 $\mathbf{IR}^n$ $(\boldsymbol{X},\boldsymbol{Y}\in\mathbf{IR}^{n\times n})$。

(7) 函数 isspd$(\boldsymbol{A})$ 用来验证区间矩阵 $\boldsymbol{A}\in\mathbf{IR}^{n\times n}$ 的正定性。对于输入的区间矩阵 $\boldsymbol{A}$，若函数 isspd$(\boldsymbol{A})$ 返回逻辑值 1，则 $\boldsymbol{A}$ 中所有的对称矩阵都是正定矩阵；若返回逻辑值 0，则什么有用的结论也得不到。

(8) 函数 in0$(\boldsymbol{X},\boldsymbol{Y})$ 用来验证区间向量 $\boldsymbol{x}\in\mathbf{IR}$(区间矩阵 $\boldsymbol{X}\in\mathbf{IR}^{n\times n}$) 是否包含于区间向量 $\boldsymbol{y}\in\mathbf{IR}^n$(区间矩阵 $\boldsymbol{Y}\in\mathbf{IR}^{n\times n}$) 的内部。若函数 in0$(\boldsymbol{X},\boldsymbol{Y})$ 返回逻辑值 1，则区间向量 $\boldsymbol{x}\in\mathbf{IR}^n$(区间矩阵 $\boldsymbol{X}\in\mathbf{IR}^{n\times n}$) 包含于区间向量 $\boldsymbol{y}\in\mathbf{IR}^n$(区间矩阵 $\boldsymbol{Y}\in\mathbf{IR}^{n\times n}$) 的内部；若返回逻辑值 0，则什么有用的结论也得不到。

(9) 函数 inf$(\boldsymbol{x})$ 和 sup$(\boldsymbol{x})$ 分别用来给出区间 $\boldsymbol{x}\in\mathbf{IR}$ 的上、下端点。

(10) 函数 mid$(\boldsymbol{X})$、diam$(\boldsymbol{X})$ 和 rad$(\boldsymbol{X})$ 分别用来计算区间量 $\boldsymbol{X}$ 的中点、

宽度和半径，其中区间量 $\boldsymbol{X}$ 可以是区间、区间向量和区间矩阵。

(11) 命令 $\boldsymbol{Y}=$ norm($\boldsymbol{X}$, Inf) 用来计算区间向量(矩阵)$\boldsymbol{x} \in \mathbf{IR}^n$ ($\boldsymbol{X} \in \mathbf{IR}^{n\times n}$) 中所有向量(矩阵)的无穷大范数的最好可能的包含区间，即有

$$\|x\|_\infty \in \boldsymbol{Y} \subseteq \mathbf{IR},\ \forall x \in \boldsymbol{x}\ (\|X\|_\infty \in \boldsymbol{Y} \subseteq \mathbf{IR},\ \forall X \in \boldsymbol{X})$$

(12) 命令 $|\boldsymbol{X}|=\mathrm{mag}(\boldsymbol{X})$ 用来给出区间 $\boldsymbol{x} \in \mathbf{IR}$ 中全部实数的绝对值的最大值，即有 $|\boldsymbol{X}|=\max\{|x|,\ \forall x \in \boldsymbol{x}\}$。

除此之外，本书中还用到了 INTLAB 函数 verifylss 和 verifynlss，这两个函数在前文中已做过详细的介绍，这里就不在赘述。

2.2 线性鞍点问题

本节简要介绍线性鞍点问题的强大实际应用背景及其基本性质。

线性鞍点问题是系数矩阵具有 2×2 分块结构的一类线性方程组，其具体表示形式为

$$Hu:=\begin{pmatrix} A & B^{\mathrm{T}} \\ B & 0 \end{pmatrix}\begin{pmatrix} x \\ y \end{pmatrix}=\begin{pmatrix} c \\ d \end{pmatrix}=:b \tag{2.2.1}$$

其中，矩阵 $A \in \mathbf{R}^{n\times n}$ 对称正定(SPD)，$B \in \mathbf{R}^{n\times n}$ 行满秩；右端项 $c \in \mathbf{R}^n$，$d \in \boldsymbol{R}^m$；向量 $x \in \mathbf{R}^n$，$y \in \mathbf{R}^m$ 为未知量；$n \geqslant m$。

线性鞍点问题的实际应用背景十分广泛，如计算流体力学[85]、约束与加权最小二乘估计[86-87]、约束优化[88-89]、电磁方程的计算[90-91]、电力系统与网络构造[92]、数字图像技术[93]、计算机图形学的网格生成[94]等。

2.2.1 若干经典背景

鞍点线性方程组(2.2.1)的来源之一是计算流体力学中的 Stokes 方程

$$\begin{cases} -\nabla u+\nabla p=f，在\ \Omega\ 中， \\ \nabla\cdot u=0，不在\ \Omega\ 中 \end{cases}$$

配以适当的边界条件(非封闭流)。如果选取合适的离散空间对该问题进行稳

定的混合有限元离散[95-96]，就得到了鞍点线性方程组(2.2.1)，其中矩阵 $A \in \mathbf{R}^{n\times n}$ 被称为拉普拉斯矩阵(对称正定)，矩阵 $B \in \mathbf{R}^{n\times n}$ 被称为散度矩阵(行满秩)。

鞍点线性方程组(2.2.1)的另一种重要来源是下面带有等式约束的二次规划问题的一阶优化条件(即 KKT 条件)：

$$\min J(x)=\frac{1}{2}x^{\mathrm{T}}Ax-f^{\mathrm{T}}x$$

$$\text{s.t.}\ Bx=g$$

对于该问题，y 是拉格朗日乘子向量，线性方程组(2.2.1)的解 $(\hat{x}^{\mathrm{T}},\hat{y}^{\mathrm{T}})^{\mathrm{T}}=:\hat{u}$ 是拉格朗日函数

$$L(x,y)=\frac{1}{2}x^{\mathrm{T}}Ax-f^{\mathrm{T}}x+(Bx-g)^{\mathrm{T}}y$$

的鞍点。也就是说，对于任意的向量 $x \in R^n$ 和 $y \in R^m$，有

$$L(\hat{x},y)\leqslant L(\hat{x},\hat{y})\leqslant L(x,\hat{y})$$

成立，或等价于

$$\min_x \max_y L(x,y)=L(\hat{x},\hat{y})=\max_y \min_x L(x,y)$$

这就是线性方程组(2.2.1)被称作线性鞍点问题的原因所在。对于线性鞍点问题的更多背景介绍，请参见文献[97]。

2.2.2　鞍点矩阵的基本性质

定义 2.2.1　鞍点线性方程组(2.2.1)的系数矩阵

$$H=\begin{pmatrix} A & B^{\mathrm{T}} \\ B & 0 \end{pmatrix}\in \mathbf{R}^{(m+n)\times(m+n)}$$

被称为鞍点矩阵。

因为矩阵 A 的对称正定性，所以可将鞍点矩阵 H 作如下分解：

$$H=\begin{pmatrix} A & B^{\mathrm{T}} \\ B & 0 \end{pmatrix}=\begin{pmatrix} I_n & 0 \\ BA^{-1} & I_m \end{pmatrix}\begin{pmatrix} A & 0 \\ 0 & S \end{pmatrix}\begin{pmatrix} I_n & A^{-1}B^{\mathrm{T}} \\ 0 & I_m \end{pmatrix} \tag{2.2.2}$$

其中，$S=-BA^{-1}B^{\mathrm{T}}$，被称为舒尔(Schur)补矩阵。

因为分解式(2.2.2)可看作对矩阵 H 实施了合同变换，所以分解中的块

对角矩阵

$$C:=\begin{pmatrix} A & 0 \\ 0 & S \end{pmatrix}$$

与矩阵 H 有相同的正负惯性指数，又因为矩阵 H 和 C 均为实对称矩阵，所以矩阵 H 和 C 有相同数目的正特征值和负特征值。由于 $A \in \mathbf{R}^{n\times n}$ 是实对称正定阵和矩阵 $B \in \mathbf{R}^{n\times n}$ 是行满秩的，所以 Schur 补矩阵 $S=-BA^{-1}B^{\mathrm{T}} \in \mathbf{R}^{m\times m}$ 是对称负定的，所以矩阵 H 是一个对称不定、非奇异矩阵，且有 n 个正特征值和 m 个负特征值，这就是鞍点矩阵 H 的基本性质。

第 3 章　基于 Krawczyk 区间算子的非线性方程组解的可信验证方法

本章研究利用 Brouwer 不动点定理[98] 和 Krawczyk 区间算子建立非线性方程组(1.2.7) 解的可信验证方法及其具体计算机实现的问题。在前人研究成果的基础上，1983 年，Rump[37] 首先利用 Brouwer 不动点定理和改进的 Krawczyk 区间算子建立了用于检验方程组(1.2.7) 解存在的、更切合实际的可信验证方法，即解存在性定理 3.1.2 和验证算法 3.1.1。直到目前为止，Rump 的工作依然是解决非线性可信验证问题的最为基本的、也是最实用的可信验证方法。在本书中，我们称之为检验方程组(1.2.7) 解存在的主流可信验证方法。

这里我们利用解存在性定理 3.1.2 中矩阵 R 可任意取特点和区间量的中点半径表示形式，对主流可信验证算法作了一些有效的改进。和原验证算法 3.1.1 相比，理论分析和数值实验结果均表明，改进后的验证算法 3.3.1 不仅节约了 CPU 的运算时间，而且就具备某种特殊性质的一类非线性方程组(1.2.7) 而言，还可以给出宽度更窄(或至少相同) 的解的闭包含。实际上，我们通过观察大量数值例子的实验结果后发现，验证算法 3.3.1 的第二个优点并不是只发生在具备某种特殊性质的一类非线性方程组(1.2.7)，似乎也在更一般的非线性方程组(1.2.7) 上发生。

3.1 预备知识

已知任意给定的实向量 $x=(x_1, x_2, \cdots, x_n)^T$，$y=(y_1, y_2, \cdots, y_n)^T\in \mathbf{R}^n$，如果有 $x_i\geqslant y_i$，$i=1, 2, \cdots, n$，则记 $x\geqslant y$。特别地，如果有 $x_i\geqslant 0$，$i=1, 2, \cdots, n$，则称实向量 x 为非负向量，记作 $x\geqslant 0$。用符号 $|y|$ 表示元素为 $|y_i|$，$i=1, 2, \cdots, n$ 的非负向量，即 $|y|=(|y_1|, |y_2|, \cdots, |y_n|)^T$。类似地，对于任意给定的实矩阵 $A=(a_{ij})$，$B=(b_{ij})\in \mathbf{R}^{n\times n}$，如果有 $a_{ij}\geqslant b_{ij}$，$i, j=1, 2, \cdots, n$，则记 $A\geqslant B$。特别地，如果有 $a_{ij}\geqslant 0$，$i, j=1, 2, \cdots, n$，则称矩阵 A 为非负矩阵，记作 $A\geqslant 0$。用符号 $|B|$ 表示元素为 $|b_{ij}|(i, j=1, 2, \cdots, n)$ 的非负矩阵，即 $|B|=(|y_{ij}|)_{n\times n}$。

定义 3.1.1　设 $\hat{x}\in \mathbf{R}^n$ 是非线性方程组(1.2.7) 的解，如果非线性映射 f 在 $\hat{x}$ 处的雅可比矩阵 $J_f(\hat{x})\in \mathbf{R}^{n\times n}$ 非奇异，则称 $\hat{x}$ 为方程组(1.2.7) 的非奇异解，或映射 f 的单零点。

对于 Krawczyk 区间算子(2.1.14)，由定理 2.1.8 可得如下的数学结论。

定理 3.1.1　已知非线性映射 f：$D\subseteq \mathbf{R}^n\rightarrow \mathbf{R}^n$ 在区域 D 上连续可微，若存在区间向量 $\boldsymbol{x}\in \boldsymbol{I}(\mathrm{D})$ 使得

$$\mathrm{K}(\boldsymbol{x}, \tilde{x})\subseteq \boldsymbol{x} \tag{3.1.1}$$

则至少存在一个向量 $\hat{x}\in \boldsymbol{x}$ 使得 $f(\hat{x})=0$，即区间向量 $\boldsymbol{x}$ 中有非线性方程组(1.2.7) 的解存在。

从理论层面来看，定理 3.1.1 完全适合用来验证非线性方程组(1.2.7) 解的存在性，然而在实际应用计算中，即使我们用方程组(1.2.7) 的高精度数值解作为向量 $\tilde{x}$，用矩阵 $J_f(\tilde{x})$ 的数值近似逆 $\tilde{J}_f(\tilde{x})^{-1}$ 作为矩阵 R，用 INTLAB 命令 intval($\tilde{x}$) 生成的区间向量作为 $\boldsymbol{x}$，包含关系(3.1.1) 也大多不成立。

对于非线性方程组(1.2.7) 的解存在性检验问题，经实践研究表明，建立

可信验证方法给出包含误差 $\hat{x}-\tilde{x}$ 的区间向量要比直接给出包含准确解 $\hat{x}$ 的区间向量更容易实现，而且计算这两个区间向量所耗费的计算量相当。正是基于此考虑，1983年，Rump提出了更符合实际应用的解存在性定理。

定理 3.1.2[39]　已知非线性映射 $f: D \subseteq \mathbf{R}^n \to \mathbf{R}^n$ 在区域 D 上连续可微。给定满足条件 $0 \in \boldsymbol{x}$ 和 $\tilde{x}+\boldsymbol{x} \in \mathbf{I}(D)$ 的向量 $\tilde{x} \in \mathbf{R}^n$ 和区间向量 $\boldsymbol{x} \in \mathbf{IR}^n$，以及矩阵 $R \in \mathbf{R}^{n\times n}$。并定义 $\boldsymbol{J}_f(\tilde{x}+\boldsymbol{x}) := \bigcap \{\boldsymbol{M} \in \mathbf{IR}^{n\times n} \mid \forall x \in \tilde{x}+\boldsymbol{x},\ J_f(x) \in \boldsymbol{M}\}$。如果包含关系

$$S(\boldsymbol{x},\ \tilde{x}) := -Rf(\tilde{x}) + (I_n - R\boldsymbol{J}_f(\tilde{x}+\boldsymbol{x}))\boldsymbol{x} \subseteq \mathrm{int}\boldsymbol{x} \tag{3.1.2}$$

成立，则存在唯一的向量 $\hat{x} \in \tilde{x}+S(\boldsymbol{x},\ \tilde{x})$ 使得 $f(\hat{x})=0$，即非线性方程组(1.2.7)在区间向量 $\tilde{x}+S(\boldsymbol{x},\ \tilde{x})$ 中有唯一解存在，并且矩阵 R 和区间矩阵 $\boldsymbol{J}_f(\tilde{x}+\boldsymbol{x})$ 中的任一矩阵均可逆，特别地，矩阵 $J_f(\hat{x})$ 也可逆。

下面的验证算法是解存在性定理3.1.2的INTLAB/Matlab实现，其中向量xs取的是非线性方程组(1.2.7)的满足一定精度的数值解 $\tilde{x}$，矩阵 R 取的是雅可比矩阵 $J_f(\tilde{x})$ 的数值近似逆 $\tilde{J}_f(\tilde{x})^{-1}$。因为包含关系(3.1.2)成立蕴含着区间矩阵 $\boldsymbol{J}_f(\tilde{x}+\boldsymbol{x})$ 中的任一矩阵是可逆矩阵，尤其矩阵 $J_f(\tilde{x})$ 的可逆性，所以验证算法3.1.1只可用来检验非线性方程组(1.2.7)非奇异解(即单根)的存在性，即算法3.1.1只能用来给出非线性方程组(1.2.7)非奇异解的闭包含。

算法 3.1.1(**输出非线性方程组**(1.2.7)**非奇异解的包含区间向量**)

```
function XX = VerifyNonLinSys(f, xs)
XX = NaN;                                  %initialization
y = f(gradientinit(xs));
R = inv(y.dx);                             %approximate inverse of J_f(xs)
Y = f(gradientinit(intval(xs)));
Z = -R * Y.x;                              %inclusion of -R * f(xs)
X = Z; iter = 0;
while iter < 15
iter = iter + 1;
```

```
Y = hull(X * infsup(0.9, 1.1) + 1e-20 * infsup(-1, 1), 0);
YY = f(gradientinit(xs + Y)); %YY.dx inclusion of J_f(xs + Y)
X = Z + (eye(n) - R * YY.dx) * Y; %interval iteration
if all(in0(X, Y)), XX = xs + X; return; end
end
```

注 3.1.1　算法 3.1.1 就是著名的 INTLAB 函数 verifynlss 的验证部分，函数 verifynlss 的另一部分是利用点牛顿迭代法提高初始近似(即数值解)xs 的精度，以确保可信验证的顺利进行。

3.2　主要理论结果

根据 3.1 节中的有关论述可知，区间算子 $S(\boldsymbol{x}, \tilde{x})$ 在 Rump 可信验证方法(即解存在性定理 3.1.2 和验证算法 3.1.1)中的具体形式为

$$S(\boldsymbol{x}, \tilde{x}) = -J_f(\tilde{x})^{-1} f(\tilde{x}) + (I_n - J_f(\tilde{x})^{-1} J_f(\tilde{x} + \boldsymbol{x}))\boldsymbol{x} =: S_{\mathrm{R}}(\boldsymbol{x}, \tilde{x}) \tag{3.2.1}$$

其中，$J_f(\tilde{x})^{-1}$ 表示雅可比矩阵 $J_f(\tilde{x})$ 的逆矩阵。

因为对于连续可微的非线性映射 $f: D \subseteq \mathbf{R}^n \to \mathbf{R}^n$，若矩阵 $J_f(\tilde{x})$，$\tilde{x} \in D$ 非奇异，则矩阵映射 $J_f: \mathbf{R}^n \to \mathbf{R}^{n \times n}$ 在充分靠近点 $\tilde{x}$ 的点 x 处的函数值矩阵 $J_f(x) \in \mathbf{R}^{n \times n}$ 也是非奇异的(连续可微映射的性质)，所以如果没有特别说明，本章提及的雅可比矩阵都是非奇异的，原因是我们考虑的点都是充分靠近点 $\tilde{x}$ 的。

如果取 $R = (\mathrm{mid} J_f(\tilde{x} + \boldsymbol{x}))^{-1}$，则定理 3.1.2 中的区间算子 $S(\boldsymbol{x}, \tilde{x})$ 又有如下的具体形式：

$$S(\boldsymbol{x}, \tilde{x}) = -(\mathrm{mid}\, J_f(\tilde{x} + \boldsymbol{x}))^{-1} f(\tilde{x}) + (I_n - (\mathrm{mid}\, \boldsymbol{J}_f(\tilde{x} + \boldsymbol{x}))^{-1} J_f(\tilde{x} + \boldsymbol{x}))\boldsymbol{x} =: S_{\mathrm{H}}(\boldsymbol{x}, \tilde{x}) \tag{3.2.2}$$

注意到

$$\boldsymbol{J}_f(\tilde{x}+\boldsymbol{x})=\text{mid}\,\boldsymbol{J}_f(\tilde{x}+\boldsymbol{x})+\frac{1}{2}\text{wid}\,\boldsymbol{J}_f(\tilde{x}+\boldsymbol{x})[-1,\ 1]$$

和

$$\boldsymbol{x}=\text{mid}\,\boldsymbol{x}+\frac{1}{2}\text{wid}\,\boldsymbol{x}[-1,\ 1]$$

则区间算子 $S(\boldsymbol{x},\ \tilde{x})$ 的 $S_{\mathrm{H}}(\boldsymbol{x},\ \tilde{x})$[式(3.2.2)]形式又可进一步整理为

$$\begin{aligned}
&S_{\mathrm{H}}(\boldsymbol{x},\ \tilde{x})\\
&=-(\text{mid}\,\boldsymbol{J}_f(\tilde{x}+\boldsymbol{x}))^{-1}f(\tilde{x})+(I_n-(\text{mid}\,\boldsymbol{J}_f(\tilde{x}+\boldsymbol{x}))^{-1}\boldsymbol{J}_f(\tilde{x}+\boldsymbol{x}))\boldsymbol{x}\\
&=-(\text{mid}\,\boldsymbol{J}_f(\tilde{x}+\boldsymbol{x}))^{-1}f(\tilde{x})+\frac{1}{4}\left|(\text{mid}\,\boldsymbol{J}_f(\tilde{x}+\boldsymbol{x}))^{-1}\right|\cdot\\
&\quad\text{wid}\,\boldsymbol{J}_f(\tilde{x}+\boldsymbol{x})\,\text{wid}\,\boldsymbol{x}[-1,\ 1]+\frac{1}{2}\left|(\text{mid}\,\boldsymbol{J}_f(\tilde{x}+\boldsymbol{x}))^{-1}\right|\cdot\\
&\quad\text{wid}\,\boldsymbol{J}_f(\tilde{x}+\boldsymbol{x})\left|\text{mid}\,\boldsymbol{x}\right|[-1,\ 1]
\end{aligned}\tag{3.2.3}$$

对比区间算子 $S(\boldsymbol{x},\ \tilde{x})$ 的 $S_{\mathrm{H}}(\boldsymbol{x},\ \tilde{x})$[式(3.2.3)]形式

$$\begin{aligned}
&S_{\mathrm{H}}(\boldsymbol{x},\ \tilde{x})\\
&=-(\text{mid}\,\boldsymbol{J}_f(\tilde{x}+\boldsymbol{x}))^{-1}f(\tilde{x})+\frac{1}{4}\left|(\text{mid}\,\boldsymbol{J}_f(\tilde{x}+\boldsymbol{x}))^{-1}\right|\cdot\\
&\quad\text{wid}\,\boldsymbol{J}_f(\tilde{x}+\boldsymbol{x})\,\text{wid}\,\boldsymbol{x}[-1,\ 1]+\frac{1}{2}\left|(\text{mid}\,\boldsymbol{J}_f(\tilde{x}+\boldsymbol{x}))^{-1}\right|\cdot\\
&\quad\text{wid}\,\boldsymbol{J}_f(\tilde{x}+\boldsymbol{x})\left|\text{mid}\,\boldsymbol{x}\right|[-1,\ 1]
\end{aligned}$$

和 $S_{\mathrm{R}}(\boldsymbol{x},\ \tilde{x})$[式(3.2.1)]形式

$$S_{\mathrm{R}}(\boldsymbol{x},\ \tilde{x})=-J_f(\tilde{x})^{-1}f(\tilde{x})+(I_n-J_f(\tilde{x})^{-1}J_f(\tilde{x}+\boldsymbol{x}))\boldsymbol{x}$$

我们不难发现形式 $S_{\mathrm{H}}(\boldsymbol{x},\ \tilde{x})$(3.2.3)不再涉及矩阵 $J_f(\tilde{x})$ 的计算，而替代它的矩阵 $\text{mid}\,\boldsymbol{J}_f(\tilde{x}+\boldsymbol{x})$ 可以从这两种形式都要使用的区间矩阵 $\boldsymbol{J}_f(\tilde{x}+\boldsymbol{x})$ 中直接获取，无须再去单独计算矩阵 $\text{mid}\,\boldsymbol{J}_f(\tilde{x}+\boldsymbol{x})$；还能发现形式 $S_{\mathrm{H}}(\boldsymbol{x},\ \tilde{x})$[式(3.2.3)]不会直接涉及区间量之间的运算，这是因为 $(\text{mid}\,\boldsymbol{J}_f(\tilde{x}+\boldsymbol{x}))^{-1}$，$\text{wid}\,\boldsymbol{J}_f(\tilde{x}+\boldsymbol{x})\in\mathbf{R}^{n\times n}$ 和 $\text{mid}\,\boldsymbol{x}$，$\text{wid}\,\boldsymbol{x}\in\mathbf{R}^n$，即这些矩阵和向量都不是区间量，而在形式 $S_{\mathrm{R}}(\boldsymbol{x},\ \tilde{x})$[式(3.2.1)]中，区间量之间的运算是不可避免的，这又是因为 $I_n-J_f(\tilde{x})^{-1}\boldsymbol{J}_f(\tilde{x}+\boldsymbol{x})\in\mathbf{IR}^{n\times n}$ 和 $\boldsymbol{x}\in$

$\mathbf{IR}^n$，即这些量都是区间量。所以，基于形式 $S_H(\boldsymbol{x},\tilde{x})$[式(3.2.3)] 建立的验证算法的计算量要比基于形式 $S_R(\boldsymbol{x},\tilde{x})$[式(3.2.1)] 建立的验证算法低很多。

除上述的节约计算量优点外，基于形式 $S_H(\boldsymbol{x},\tilde{x})$[式(3.2.3)] 建立的可信验证方法在一定的附加条件下还有如下的优势：

$$S_H(\boldsymbol{x},\hat{x})\subseteq S_R(\boldsymbol{x},\hat{x}) \tag{3.2.4}$$

其中，$\hat{x}$ 是非线性方程组(1.2.7) 的非奇异解。

为了简化理论分析，在下面的结论(即定理 3.2.1 和它的推论 3.2.1) 中，我们假设区间向量 $\boldsymbol{x}$ 是对称的(即 $\text{mid}\,\boldsymbol{x}=0$)，可以这样做的原因是 $0\in\boldsymbol{x}$。

定理 3.2.1　已知非线性映射 $f: D\subseteq\mathbf{R}^n\rightarrow\mathbf{R}^n$ 在区域D上连续可微，$\hat{x}\in\mathbf{R}^n$，是映射 f 的单零点，区间向量 $\boldsymbol{x}\in\mathbf{IR}^n$ 是满足 $\hat{x}+\boldsymbol{x}\in\mathbf{I}(D)$，且使得每个矩阵 $M\in\boldsymbol{J}_f(\hat{x}+\boldsymbol{x})$ 都可逆的一个对称区间向量(即 $\text{mid}\,\boldsymbol{x}=0$)。若有 $|J_f(\hat{x})^{-1}|\geqslant|(\text{mid}\,\boldsymbol{J}_f(\hat{x}+\boldsymbol{x}))^{-1}|$ 则包含关系式(3.2.4) 成立。

证明 因为

$$|J_f(\hat{x})^{-1}|\geqslant|(\text{mid}\,\boldsymbol{J}_f(\hat{x}+\boldsymbol{x}))^{-1}|$$

所以

$$\frac{1}{4}|J_f(\hat{x})^{-1}|\,\text{wid}\,\boldsymbol{J}_f(\hat{x}+\boldsymbol{x})\,\text{wid}\,\boldsymbol{x}\geqslant\frac{1}{4}|(\text{mid}\,\boldsymbol{J}_f(\hat{x}+\boldsymbol{x}))^{-1}|\,\text{wid}\,\boldsymbol{J}_f(\hat{x}+\boldsymbol{x})\,\text{wid}\,\boldsymbol{x}$$

进而，可得

$$\frac{1}{4}|(\text{mid}\,\boldsymbol{J}_f(\hat{x}+\boldsymbol{x}))^{-1}|\,\text{wid}\,\boldsymbol{J}_f(\hat{x}+\boldsymbol{x})\,\text{wid}\,\boldsymbol{x}[-1,1]$$
$$\subseteq\frac{1}{4}|J_f(\hat{x})^{-1}|\,\text{wid}\,\boldsymbol{J}_f(\hat{x}+\boldsymbol{x})\,\text{wid}\,\boldsymbol{x}[-1,1]$$

又因为 $f(\hat{x})=0$，所以

$$\begin{aligned}S_H(\hat{\boldsymbol{x}},\boldsymbol{x})&=\frac{1}{4}|(\text{mid}\,\boldsymbol{J}_f(\hat{x}+\boldsymbol{x}))^{-1}|\\&\quad\text{wid}\boldsymbol{J}_f(\hat{x}+\boldsymbol{x})\,\text{wid}\,\boldsymbol{x}[-1,1]\\&\subseteq S_R(\boldsymbol{x},\hat{x})\\&=\frac{1}{4}|J_f(\hat{x})^{-1}|\,\text{wid}\boldsymbol{J}_f(\hat{x}+\boldsymbol{x})\,\text{wid}\,\boldsymbol{x}[-1,1]+\boldsymbol{y}\end{aligned}$$

其中，$\boldsymbol{y}=\frac{1}{2}|J_f(\hat{x})^{-1}(J_f(\hat{x})-\text{mid}\,\boldsymbol{J}_f(\hat{x}+\boldsymbol{x}))|\,\text{wid}\,\boldsymbol{x}[-1,1]$。

引理 3.2.1　已知矩阵 A，$B\in\mathbf{R}^{n\times n}$ 非奇异，若 $A\geqslant B$，$A^{-1}\geqslant 0$ 和 $B^{-1}\geqslant 0$，则

$$B^{-1}\geqslant A^{-1}$$

证明 因为 $A-B\geqslant 0(A\geqslant B)$，$A^{-1}\geqslant 0$ 和 $B^{-1}\geqslant 0$，所以经简单运算后，有

$$B^{-1}-A^{-1}=A^{-1}(A-B)B^{-1}\geqslant 0$$

即 $B^{-1}\geqslant A^{-1}$。

推论 3.2.1　已知非线性映射 f：$D\subseteq\mathbf{R}^n\to\mathbf{R}^n$ 在区域 D 上连续可微，$\hat{x}\in\mathbf{R}^n$ 是映射 f 的单零点，区间向量 $\boldsymbol{x}\in\mathbf{IR}^n$ 是满足 $\hat{x}+\boldsymbol{x}\in\mathbf{I}(D)$，且使得每个矩阵 $M\in\boldsymbol{J}_f(\hat{x}+\boldsymbol{x})$ 都可逆的一个对称区间向量。若有

$$J_f(\hat{x})^{-1}\geqslant 0,\ (\text{mid}\,\boldsymbol{J}_f(\hat{x}+\boldsymbol{x}))^{-1}\geqslant 0\ \text{和}\ \text{mid}\,\boldsymbol{J}_f(\hat{x}+\boldsymbol{x})\geqslant J_f(\hat{x})$$

则亦有包含关系式(3.2.4)成立。

证明 因为 $J_f(\hat{x})^{-1}\geqslant 0$，$(\text{mid}\,\boldsymbol{J}_f(\hat{x}+\boldsymbol{x}))^{-1}\geqslant 0$ 和 $\text{mid}\,\boldsymbol{J}_f(\hat{x}+\boldsymbol{x})\geqslant J_f(\hat{x})$，所以，由引理 3.2.1 可得

$$J_f(\hat{x})^{-1}\geqslant(\text{mid}\,\boldsymbol{J}_f(\hat{x}+\boldsymbol{x}))^{-1}$$

进而，再由 $J_f(\hat{x})^{-1}\geqslant 0$ 和 $(\text{mid}\,\boldsymbol{J}_f(\hat{x}+\boldsymbol{x}))^{-1}\geqslant 0$，可得

$$|J_f(\hat{x})^{-1}|\geqslant|(\text{mid}\boldsymbol{J}_f(\hat{x}+\boldsymbol{x}))^{-1}|$$

所以，再根据定理 3.2.1 即可得证结论(3.2.4)。

对于定理 3.2.1 及其推论 3.2.1，我们做如下两点说明。

注 3.2.1

(1) 满足推论 3.2.1 假设条件 $J_f(\hat{x})^{-1}\geqslant 0$，$(\text{mid}\,\boldsymbol{J}_f(\hat{x}+\boldsymbol{x}))^{-1}\geqslant 0$ 和 $\text{mid}\,\boldsymbol{J}_f(\hat{x}+\boldsymbol{x})\geqslant J_f(\hat{x})$ 的非线性映射是真实存在的，比如导数为拟凸的逆保序(inverse isotone)映射。实际上，我们通过观察大量有关数值例子的实验结果后发现，无论非线性映射 f 满不满足定理 3.2.1 及其推论 3.2.1 所需的假设条件，都有包含关系 $S_{\text{H}}(\boldsymbol{x},\hat{x})\subseteq S_{\text{R}}(\boldsymbol{x},\hat{x})$ 成立。

(2) 根据定理 3.2.1 及其推论 3.2.1，虽然只有当条件 $|J_f(\hat{x})^{-1}|\geqslant$

$|(\mathrm{mid}\,\boldsymbol{J}_f(\hat{x}+\boldsymbol{x}))^{-1}|$ 或 $J_f(\hat{x})^{-1}\geqslant 0$，$(\mathrm{mid}\,\boldsymbol{J}_f(\bar{x}+\boldsymbol{x}))^{-1}\geqslant 0$ 和 $\mathrm{mid}\,\boldsymbol{J}_f(\bar{x}+\boldsymbol{x})\geqslant J_f(\bar{x})$ 中的向量 $\bar{x}$ 取非线性方程组(1.2.7)的准确解 $\hat{x}$，即 $\bar{x}=\hat{x}$ 时，包含关系 $S_{\mathrm{H}}(\boldsymbol{x},\bar{x})\subseteq S_{\mathrm{R}}(\boldsymbol{x},\bar{x})$ 才能被理论证明，但实际上，大量数值例子的实验结果表明，当 $\bar{x}=\tilde{x}$ 时，包含关系 $S_{\mathrm{H}}(\boldsymbol{x},\bar{x})\subseteq S_{\mathrm{R}}(\boldsymbol{x},\bar{x})$ 也成立，其中 $\tilde{x}\in\mathbf{R}^n$ 表示方程组(1.2.7)的满足一定精度的数值解。

3.3 改进的可信验证算法

在验证算法 3.1.1 的基础上，利用区间算子 $S(\boldsymbol{x},\tilde{x})$[式(3.1.2)]的 $S_{\mathrm{H}}(\boldsymbol{x},\tilde{x})$[式(3.2.3)]形式和解存在性定理 3.1.2，我们在本小节又设计了用于检验非线性方程组(1.2.7)解存在的一个新验证算法，即算法 3.3.1，它可以看成验证算法 3.1.1 的一个改进形式。同 3.2 节末所述理由，算法 3.3.1 也只可用来检验非线性方程组(1.2.7)非奇异解(即单根)的存在性，即算法 3.1.1 也只能用来给出非线性方程组(1.2.7)非奇异解的闭包含。

同算法 3.1.1 一样，算法 3.3.1 也是利用 INTLAB/Matlab 语言编写而成的。

算法 3.3.1(非线性方程组(1.2.7)单根存在性检验的改进算法)

```
function XX = ImpVerifyNonLinSys(f, xs)
XX = NaN;
Y0 = f(gradientinit(intval(xs)));      %inclusion of f(xs)
M = mid(Y0.dx);
R = inv(M);
Y = -R * Y0.x;
X = hull(Y * infsup(0.9, 1.1) + 1e-20 * infsup(-1, 1), 0);
   %intervalvectorXsatisfyingrequirements
YY = f(gradientinit(xs + X));
M = mid(YY.dx);
```

```
R = inv(M);                %approximate inverse of m(J _ f(xs + X))
M = abs(R);
x = inf(X); y = sup(X); z = max(abs(x), abs(y));
Y = -R * Y0.x + 0.5 * M * diam(YY.dx) * z * infsup(-1, 1);
    %X ⊆ z * infsup(-1, 1)
if all(in0(Y, X))
XX = xs + Y;
end
```

注 3.3.1　和其他所有可信验证算法一样，在实际应用时，为了确保验证顺利实现，算法 3.3.1 中的向量 xs 必须取为非线性方程组(1.2.7)的满足一定精度的数值解 $\tilde{x}$。

3.4　数值结果

在本小节我们通过几个很具代表性、典型性的数值例子，分别从验证结果(即解的闭包含或其最大相对误差)和 CPU 运算时间两方面对算法 3.1.1 和算法 3.3.1 做一下比较，以达到从实践层面支撑 3.2 节中陈述的主要理论结果的目的。

本节的所有数值实验均是在装有 Windows 7 操作系统的联想笔记本电脑(1.70GHz Intel(R) Core(TM)i5-3317U processor，4GB of memory)上使用 Matlab R2011a 和 INTLAB V6 软件完成的。

我们首先来考虑一个只由初等函数组成的、没有实际应用背景的、简单的非线性方程组解的可信验证问题。

例 3.4.1 已知非线性方程组

$$f(x)=\begin{pmatrix} 3x_1-\cos(x_2x_3)-\dfrac{1}{2} \\ x_1^2-81(x_2+0.1)^2+\sin x_3+1.06 \\ e^{-x_1x_2}+20x_3+\dfrac{10\pi-3}{3} \end{pmatrix}=0 \qquad (3.4.1)$$

我们分别应用验证算法 3.1.1 和验证算法 3.3.1 给出非线性方程组(3.4.1)位于点 $\tilde{x}=\begin{pmatrix} 0.500\,000\,002\,581\,808 \\ -0.000\,028\,492\,129\,453 \\ -0.523\,599\,487\,583\,918 \end{pmatrix}\in \mathbf{R}^3$ 附近的解的闭包含，即验证方程组(3.4.1)在点 $\tilde{x}$ 附近有解存在，其中点 $\tilde{x}$ 是非线性方程组(3.4.1)的满足一定精度的相关数值解，由牛顿迭代法求得，相关的验证结果和 CPU 运算时间在表 3.1 中展示。

表 3.1　例 3.4.1 的数值实验结果

	解的闭包含	运算时间 /s
算法 3.3.1	$XX1:=\begin{pmatrix} [0.499\,999\,999\,951\,38, & 0.500\,000\,000\,041\,19] \\ [-0.000\,000\,005\,330\,52, & 0.000\,000\,004\,515\,74] \\ [-0.523\,598\,775\,738\,22, & -0.523\,598\,775\,479\,77] \end{pmatrix}$	$t_1=0.049\,925$
算法 3.1.1	$XX2:=\begin{pmatrix} [0.499\,999\,999\,947\,28, & 0.500\,000\,000\,082\,02] \\ [-0.000\,000\,005\,779\,63, & 0.000\,000\,008\,992\,07] \\ [-0.523\,598\,775\,750\,01, & -0.523\,598\,775\,362\,27] \end{pmatrix}$	$t_2=0.052\,508$

从表 3.1 中我们不难发现，$XX1\subseteq XX2$ 和 $t_1<t_2$，这与 3.2 节中的主要理论结果一致。

对于下面的几个数值例子，我们的具体实验步骤是这样的：首先从给定的初始迭代向量出发，利用牛顿迭代法求得各维非线性方程组的满足一定精度的数值解 $\hat{x}\in \mathbf{R}^n$，其中正整数 n 为此时对应的非线性方程组中方程的个数和自变量的个数，即方程组的维数；然后再分别应用验证算法 3.1.1 和验证算法 3.3.1 给出各维非线性方程组位于其近似解 $\tilde{x}$ 附近的解的闭包含，即验证各维非线性方程组在其近似解 $\tilde{x}$ 附近有解存在。

和表3.1中各类数值实验结果所用的表示符号一样，在展示以下三个例子中各维非线性方程组的有关数值实验结果时，我们依旧分别采用符号 XX1 和 XX2 表示验证算法 3.3.1 和算法 3.1.1 给出的解的闭包含，依旧分别采用符号 t_1，t_2 表示验证算法 3.3.1 和算法 3.1.1 在工作时对应的CPU运算时间，单位依然是秒。另外，由于以下三例中涉及的各维非线性方程组的规模都很大，所以我们就无法再像例3.4.1那样把两算法给出的解的闭包含对应的数据信息完整地展示出来。退而求其次，我们采用了如下的最大相对误差定量指标来说明验证算法 3.3.1 和算法 3.1.1 给出的解的闭包含的关系。

定义 3.4.1[39]　对于任意的区间 $\boldsymbol{x} \in \mathbf{IR}$，其相对误差定义如下：

$$\text{relerr}(\boldsymbol{x}) := \begin{cases} \text{rad } \boldsymbol{x} / |\text{mid } \boldsymbol{x}|, & \text{若 } 0 \notin \boldsymbol{x} \\ \text{rad } \boldsymbol{x}, & \text{其他情形} \end{cases}$$

进而，任意区间向量 $\boldsymbol{x} \in \mathbf{IR}^n$ 的最大相对误差被定义为

$$\text{mrelerr}(\boldsymbol{x}) = \max_i \{\text{relerr}(\boldsymbol{x}_i)\}$$

其中，$\boldsymbol{x}_i \in \mathbf{IR}^n$ 为 $\boldsymbol{x}$ 的第 i 个分量区间，$i = 1, 2, \cdots, n$。

例 3.4.2(Abbott 和 Brent[99])　已知两点边值问题

$$\begin{cases} 3\ddot{y}y + \dot{y}^2 = 0 \\ y(0) = 0,\ y(1) = 20 \end{cases} \tag{3.4.2}$$

不难发现一元函数 $y = 20x^{0.75}$ 是两点边值问题(3.4.2)的解析解。根据微分方程数值解理论易知，方程(3.4.2)有如下的离散形式：

$$\begin{cases} f_k(y) \equiv 3y_k(y_{k+1} - 2y_k + y_{k-1}) + \left(\dfrac{y_{k+1} - y_{k-1}}{2}\right)^2 = 0,\ 1 \leqslant k \leqslant n \\ y_0 = 0,\ y_{n+1} = 20 \end{cases} \tag{3.4.3}$$

我们选取区间[0，20]内的 $n+1$ 等分节点组成的 n 维实向量作为计算非线性方程组(3.4.3)数值解的初始迭代向量，然后按照上述的实验步骤进行操作。各维非线性方程组(3.4.3)对应的最终验证结果和 CPU 运算时间均在表3.2中展示。

表 3.2　例 3.4.2 的数值实验结果

Dim	算法 3.3.1 对应的运算时间 t_1/s	算法 3.1.1 对应的运算时间 t_2/s	$t_2 : t_1$	mrelerr($\boldsymbol{x}$)
50	0.060 962	0.061 858	1.014 7	3.818×10^{-16}
100	0.068 845	0.078 813	1.144 8	3.826×10^{-16}
200	0.061 697	0.081 962	1.328 5	3.954×10^{-16}
500	0.092 930	0.113 260	1.218 8	4.246×10^{-16}
1 000	0.182 910	0.249 051	1.361 6	4.593×10^{-16}
2 000	0.508 220	0.753 223	1.482 1	4.438×10^{-16}

注 3.4.1　在表 3.2 中，$\boldsymbol{x}$ = XX1 或 XX2，即有 mrelerr(XX1) = mrelerr(XX2)。

例 3.4.3 (**文献**[100]) 已知微分方程初值问题

$$u''(t)=\frac{1}{2}(u(t)+t+1)^3,\ 0<t<1,\ u(0)=u(1)=0$$

根据微分方程数值解理论可知，上述初值问题有如下的离散形式：

$$\begin{cases} f_k(u)\equiv u_{k+1}-2u_k+u_{k-1}-\dfrac{1}{2}h^2(u_k+t_k+1)^3=0,\ 1\leqslant k\leqslant n \\ u_0=u_{n+1}=0,\ t_k=k\cdot h,\ h=(n+1)^{-1}, \end{cases}$$

其中，$u_k=u(t_k)$，$k=1,2,\cdots,n$。

我们取 $u\equiv(\xi_i)\in\mathbf{R}^n$，$\xi_i=t_i(t_i-1)$，$1\leqslant i\leqslant n$ 作为计算非线性方程组(3.4.4)数值解的初始迭代向量，然后按照上述的实验步骤进行操作。各维非线性方程组(3.4.4)对应的最终验证结果和CPU运算时间均陈列在表 3.3 中。

表 3.3　例 3.4.3 的数值实验结果

Dim	算法 3.3.1 对应的运算时间 t_1/s	算法 3.1.1 对应的运算时间 t_2/s	$t_2 : t_1$	mrelerr($\boldsymbol{x}$)
50	0.593 479	0.683 220	1.151 2	1.450×10^{-15}
100	1.187 107	1.530 358	1.289 2	2.917×0^{-15}
200	2.472 819	3.037 722	1.228 5	8.018×10^{-15}
500	6.235 905	7.266 109	1.165 2	8.542×10^{-15}
1 000	12.831 169	14.799 065	1.153 4	4.058×10^{-14}
2 000	27.656 904	34.824 131	1.259 2	8.523×10^{-14}

注 3.4.2　在表 3.3 中，$\boldsymbol{x}$ = XX1 或 XX2，即有 mrelerr(XX1) = mrelerr(XX2)。

例 3.4.4(文献[100])　已知积分方程

$$\bar{u}(t)+\int_0^1 H(s,t)(\bar{u}(s)+s+1)^3\,\mathrm{d}s=0$$

其中，$H(s,t)=\begin{cases}s(1-t), & s\leqslant t\\ t(1-s), & s>t\end{cases}$。

考虑其如下的离散形式：

$$\begin{cases}f_k(u)\equiv u_k+\dfrac{1}{2}\{(1-t_k)\displaystyle\sum_{j=1}^{k}t_j(u_j+t_j+1)^3+\\ \qquad t_k\displaystyle\sum_{j=k+1}^{n}(1-t_j)(u_j+t_j+1)^3\}=0\\ u_0=u_{n+1}=0,\ t_j=j\cdot h,\ h=(n+1)^{-1},\end{cases}\tag{3.4.5}$$

其中，$u_k=\bar{u}(t_k)$，$1\leqslant k\leqslant n$。

我们选取 $u_i=t_i(t_i-1)$，$1\leqslant i\leqslant n$ 组成的 n 维实向量作为计算非线性方程组(3.4.5)数值解的初始迭代向量，然后按照上述的实验步骤进行操作。各维非线性方程组(3.4.5)对应的最终验证结果和 CPU 运算时间均在表 3.4 中展示。

表 3.4　例 3.4.4 的数值实验结果

Dim	算法 3.3.1 对应的运算时间 t_1/s	算法 3.1.1 对应的运算时间 t_2/s	t_2 : t_1	mrelerr($\boldsymbol{x}$)
10	0.864 388	0.774 734	1.115 7	4.7×10^{-15}
20	3.520 333	2.983 376	1.180 0	1.7×10^{-14}
50	25.508 979	18.800 986	1.356 8	2.3×10^{-13}
100	105.427 856	66.999 370	1.573 6	9.1×10^{-13}

注 3.4.3

(1) 在表 3.4 中，$\boldsymbol{x}=$ XX1 或 XX2，即有 mrelerr(XX1) = mrelerr(XX2)。

(2) 对于上述 3 例中涉及的每一个非线性方程组，虽然因数据量大的缘故，致使验证算法 3.1.1 和算法 3.3.1 给出的解的闭包含对应的数据信息不便在表 3.2，表 3.3 和表 3.4 中完全展示，但有关数值结果表明，包含关系 XX1 $\subseteq$ XX2 依然成立。另外，从我们设计的其他实验环节中获取的数据信息显示，尽管例 3.4.2、例 3.4.3 和例 3.4.4 中涉及的非线性映射 f 均不具有 $|J_f(\bar{x})^{-1}|\geqslant|(\mathrm{mid}\,\boldsymbol{J}_f(\bar{x}+\boldsymbol{x}))^{-1}|$，或 $J_f(\bar{x})^{-1}\geqslant 0$，$(\mathrm{mid}\,\boldsymbol{J}_f(\bar{x}+\boldsymbol{x}))^{-1}\geqslant 0$ 和 $(\mathrm{mid}\,\boldsymbol{J}_f(\bar{x}+\boldsymbol{x}))^{-1}\geqslant J_f(\bar{x})$，但包含关系 XX1 $\subseteq$ XX2 依然成立，其中向量 $\bar{x}\in\mathbf{R}^n$ 为充分靠近数值解 $\tilde{x}\in\mathbf{R}^n$ 的点。

综上所述，例 3.4.2、例 3.4.3 和例 3.4.4 对应的数值结果也均与 3.2 节中陈述的主要理论结果一致。

第 4 章　基于 Kantorovich 存在定理的点估计可信验证方法

Kantorovich 存在定理是苏联著名数学家 Kantorovich[63] 在 20 世纪 50 年代研究非线性方程组(1.2.7)的牛顿迭代解法的收敛性、误差估计等问题时提出，并利用优界方程思想[1] 证明的。由于 Kantorovich 存在定理的假设条件是基于解以外的一已知点的有关信息进行刻画的，当然，该假设条件本质上还是要求此已知点与解充分靠近，所以 Kantorovich 存在定理特别适合用来检验非线性方程组(1.2.7)在一已知数值解 $\tilde{x} \in \mathbf{R}^n$ 附近是否有解存在。

1980 年，Rall[64] 又从敏感性(即检测已知点附近有解存在的能力)、精确性(即给出尖误差界的能力)和计算复杂度(即计算量)三方面对 Kantorovich 存在定理和不动点型存在性定理(即定理 3.1.1)作了详细的比较。理论上的比较表明，Kantorovich 存在定理在敏感性和精确性方面稍胜于定理 3.1.1，而在应用上定理 3.1.1 所需要的计算量却少一些。随后，在 1983 年沈阻和[65] 又证明了 Kantorovich 存在定理和定理 3.1.1 在理论上是等价的。这些成果都为应用 Kantorovich 存在定理验证非线性方程组(1.2.7)解存在的具体实现作了重要的理论铺垫。

本章主要解决应用 Kantorovich 存在定理验证非线性方程组(1.2.7)解存在的具体实现问题。经研究发现，应用 Kantorovich 存在定理验证方程组(1.2.7)解存在的难点是计算 Lipschitz 条件(4.1.1)中的常系数 κ。为了解决这一难题，我们首先根据多元分析理论和矩阵理论，并借助张量表示法给出了一个可用于计算 Lipschitz 常系数的具体表达式(4.2.1)。然后在理论研究的基础上，我们利用 INTLAB/Matlab 软件给出了应用 Kantorovich 存在定理验证非线性方程组(1.2.7)解存在的具体算法实现程序，即算法4.3.1和算法4.3.2。

相对于第3章研究的Rump型验证算法(即算法3.1.1和算法3.3.1)，理论分析和数值实验均表明，我们的Kantorovich型验证算法(即算法4.3.1和算法4.3.2)具有以下两方面的优势：一是该验证算法对初值的精度要求不高，即该验证算法使用精度较低的初值就能验证成功；二是该验证算法具有承袭性，即在验证过程中，如果是因为初值精度低导致验证失败，需要通过提高初值精度再次进行验证时，该验证算法在新的验证步中可以利用上个验证步中的部分运算结果以降低运算量，从而达到减少验证时间的目的。

4.1 预备知识

已知非线性映射 $f: D \subseteq \mathbf{R}^n \to \mathbf{R}^n$ 在区域 D 上二阶连续可微。我们分别用符号 $f'(x)$ 和 $f''(x)$ 表示映射 f 在点 $x \in D$ 处的一阶和二阶导数。根据相关的多元分析理论可知，映射 f 在点 x 处的一阶导数 $f'(x)$ 恰好就是映射 f 在点 x 处的雅可比矩阵 $J_f(x) \in \mathbf{R}^{n\times n}$，即有 $f'(x)=J_f(x)$，$\forall x \in D$。另外，从矩阵理论的角度来看，映射 f 在区域 D 上的二阶导数 $f''(x)$ 就是从超平面集合 $D\times D \subseteq \mathbf{R}^n \times \mathbf{R}^n$ 到 $\mathbf{R}^n$ 的一个双线性映射，也称为 n 阶三维矩阵，也就是通常所说的立方体矩阵，即有 $f''(x) \in \mathbf{R}^{n\times n\times n}$，它的元素为多元函数 f_i，$i=1$，2，…，n 在点 $x \in D$ 处的所有二阶偏导数，其中，$\mathbf{R}^{n\times n\times n}$ 表示 n 维欧几里得向量空间中所有双线性映射(即立方体矩阵)组成的集合，多元非线性函数 f_i 为映射 f 的第 i 个分量函数，$i=1$，2，…，n，即 $f=(f_1, f_2, \cdots, f_n)^{\mathrm{T}}$。

我们用符号 e_j，$j=1$，2，…，n 表示第 j 个分量元素为1，而其余分量元素均为0的 n 维实向量，则有 $e_i \cdot e_j = \delta_{i,j}$，$i$，$j=1$，2，…，$n$，$x = x_1e_1 + x_2e_2 + \cdots + x_ne_n$，其中 $\delta_{i,j}$ 是Kronecker符号，"·"是向量的内积运算符，$x = (x_1, x_2, \cdots, x_n)^{\mathrm{T}} \in \mathbf{R}^n$。

为了简化表达，在本章中，我们用符号 x_ie_i 表示 $\sum_{i=1}^{n} x_ie_i$，用符号

$T_{ijk}e_ie_je_k$ 表示 $\sum_{i=1}^{n}\sum_{j=1}^{n}\sum_{k=1}^{n}T_{ijk}e_ie_je_k$，即有 $x_ie_i := \sum_{i=1}^{n}x_ie_i = x_1e_1 + x_2e_2 + \cdots + x_ne_n = x \in \mathbf{R}^n$ 和 $T_{ijk}e_ie_je_k := \sum_{i=1}^{n}\sum_{j=1}^{n}\sum_{k=1}^{n}T_{ijk}e_ie_je_k \in \mathbf{R}^{n\times n\times n}$，其中下标 i，j，k 称为哑指标，$T_{ijk} \in \mathbf{R}$，i，j，$k=1$，2，…，n，这就是张量分析理论中著名的爱因斯坦求和约定。再比如，在爱因斯坦求和约定下，符号 $x_l\delta_{k,l}$ 的含义是

$$x_l\delta_{k,l} = x_1\delta_{k,1} + x_2\delta_{k,2} + \cdots + x_{k-1}\delta_{k,k-1} + x_k\delta_{k,k} + x_{k+1}\delta_{k,k+1} + \cdots + x_n\delta_{k,n} = x_k$$

其中，下标 k 称为自由指标，其取值为 $k=1$，2，…，n，下标 l 为哑指标。简单地讲，爱因斯坦求和约定就是规定含有哑指标的项在该哑指标的取值范围内遍历求和。有关爱因斯坦求和约定的详细介绍可参考文献[101]。

在本章中，对任一给定的区间向量 $\boldsymbol{x} \in \mathbf{IR}^n$，其宽度定义为

$$\text{mid}\ \boldsymbol{x} = \max_{1\leqslant i\leqslant n}\{\text{wid}\ \boldsymbol{x}_i\},$$

其中，$\boldsymbol{x}_i \in \mathbf{IR}$ 是 $\boldsymbol{x}$ 的第 i 个分量区间，$i=1$，2，…，n。

已知 $\tilde{x} \in \mathbf{R}^n$，称集合

$$U(\tilde{x},\ \delta):=\{x \in \mathbf{R}^n:\ \|x-\tilde{x}\| \leqslant \delta,\ \delta > 0\}$$

为 $\tilde{x}$ 的 δ- 领域。特别地，当 δ- 领域中的范数为无穷大范数时，我们有如下的包含关系：

$$U(\tilde{x},\ \delta):=\{x \in \mathbf{R}^n:\ \|x-\tilde{x}\|_\infty \leqslant \delta\} \subseteq [\tilde{x}-\delta,\ \tilde{x}+\delta] \in \mathbf{IR}^n$$

定理 4.1.1　已知矩阵 $B \in \mathbf{R}^{n\times n}$ 可逆，且

$$\|B^{-1}\| \leqslant \beta,\quad \|A-B\| \leqslant \alpha,\ \alpha\beta < 1$$

则矩阵 $A \in \mathbf{R}^{n\times n}$ 亦可逆，且有

$$\|A^{-1}\| \leqslant \frac{\beta}{1-\alpha\beta}$$

证明 因为

$$\|I-B^{-1}A\| = \|B^{-1}(B-A)\| \leqslant \|B^{-1}\|\|B-A\| \leqslant \beta\alpha < 1,$$

所以矩阵 $B^{-1}A$ 可逆，且有

$$\|(B^{-1}A)^{-1}\| \leqslant \frac{1}{1-\beta\alpha}$$

进而可知，矩阵 A 亦可逆，且 $A^{-1}=(B^{-1}A)^{-1}B^{-1}$，于是有

$$\|A^{-1}\|\leqslant\|(B^{-1}A)^{-1}\|\|B^{-1}\|\leqslant\frac{\beta}{1-\beta\alpha}$$

定理 4.1.2(**Kantorovich 存在定理**)　设非线性映射 $f: D\subseteq\mathbf{R}^n\to\mathbf{R}^n$ 及 $\tilde{x}\in\mathbf{R}^n$ 满足下列条件：

(1) $f'(\tilde{x})^{-1}$ 存在，且 $\|f'(\tilde{x})^{-1}\|\leqslant\beta$，$\|f'(\tilde{x})^{-1}f(\tilde{x})\|\leqslant\eta$；

(2) $\forall x\in U(\tilde{x},2\eta)\subseteq D$，$f'(x)$ 存在且满足 Lipschitz 条件

$$\|f'(x)-f'(y)\|\leqslant\kappa\|x-y\|,\ \forall x,y\in U(\tilde{x},2\eta)\tag{4.1.1}$$

若

$$\rho:=\kappa\beta\eta\leqslant 0.5$$

则非线性方程组 (1.2.7) 在 $U(\tilde{x},\delta)$ 中有唯一解 $\hat{x}$ 存在，其中 $\delta=\dfrac{1-\sqrt{1-2\rho}}{\rho}\eta$。

对于定理 4.1.2，我们做如下两点说明。

注 4.1.1

(1) 由于在 $0<\rho\leqslant 0.5$ 条件下有 $2\eta-\delta=\dfrac{\sqrt{1-2\rho}-(1-2\rho)}{\rho}\eta\geqslant 0$，即 $2\eta>\delta$，所以有包含关系 $U(\tilde{x},\delta)\subseteq U(\tilde{x},2\eta)$，所以非线性方程组(1.2.7) 在 $U(\tilde{x},\delta)$ 中的唯一解 $\hat{x}$ 同时也在 $U(\hat{x},2\eta)$ 中，即有 $\hat{x}\in U(\tilde{x},\delta)\subseteq U(\tilde{x},2\eta)$。

(2) 在实际应用定理 4.1.2 验证非线性方程组(1.2.7)解存在时，需要用到量 ρ 的具体数值，而 $\rho=\kappa\beta\eta$，这也就是需要知道量 β，η 和 κ 的具体数值。其中量 β，η 的具体数值可分别利用关系式 $\|f'(\tilde{x})^{-1}\|\leqslant\beta$，$\|f'(\tilde{x})^{-1}f(\tilde{x})\|\leqslant\eta$ 和向量 $\tilde{x}$ 的具体值获取，然而量 κ 的具体数值却无法由关系式(4.1.1) 和向量 $\tilde{x}$ 的具体值获得，原因是关系式(4.1.1) 中可用于计算 κ 大小的信息几乎没有。

接下来，我们利用多元分析理论和矩阵理论，并借助张量表示法给出量 κ 的一个可用于实际计算的表达式。

定义 4.1.1　对于任意给定的 $T\in\mathbf{R}^{n\times n\times n}$，因为 T 是 $\mathbf{R}^n\times\mathbf{R}^n$ 到 $\mathbf{R}^n$ 的一个双线性映射，那么，对任意的 $x\in\mathbf{R}^n$，Tx 就是 $\mathbf{R}^n$ 到 $\mathbf{R}^n$ 的一个线性映射，

即 $Tx \in \mathbf{R}^{n\times n}$，所以，$T$ 的算子范数可定义如下：

$$\|T\| = \max_{0\neq x\in \mathbf{R}^n} \frac{\|Tx\|}{\|x\|} \tag{4.1.2}$$

其中，$\|x\|$表示某种向量范数，$\|Tx\|$表示由向量范数$\|x\|$诱导出的矩阵范数，即矩阵的某种算子范数。

根据多元分析理论，下面的结论是显而易见的。

定理 4.1.3[102]　设非线性映射 $f: D\subseteq \mathbf{R}^n \to \mathbf{R}^n$ 在区域D 上二阶连续可微，则有

$$\|f'(x)-f'(y)\| \leqslant \sup_{0\leqslant t\leqslant 1}\|f''(x+t(y-x))\| \\ \|x-y\|, \ \forall x, \ y\in D \tag{4.1.3}$$

性质 4.1.1 **(连续可微映射性质)**　已知非线性映射 $f: D\subseteq \mathbf{R}^n \to \mathbf{R}^n$ 在区域D 上连续可微，若矩阵 $J_f(\hat{x})$，$\hat{x}\in D$ 可逆，则映射 f 在充分靠近点 $\hat{x}$ 的点 x 处的雅可比矩阵 $J_f(x)$ 也是可逆的。

结合定理 4.1.3 和性质 4.1.1，我们再对定理 4.1.2 做如下几点说明。

注 4.1.2　这里假设定理 4.1.2 中的非线性映射 f 在区域D 上二阶连续可微。

(1) 关系式(4.1.1) 中的 Lipschitz 常数 κ 可取为

$$\kappa = \sup_{x\in U(\tilde{x},\ 2\eta)} \|f''(x)\| \tag{4.1.4}$$

(2) 设 $\hat{x}$ 是非线性方程组(1.2.7) 的非奇异解，则有 $f(\hat{x})=0$ 和矩阵 $J_f(\hat{x})$ 可逆。从关系式$\|f'(x)^{-1}f(x)\|\leqslant \eta$，$\|f'(x)^{-1}\|\leqslant \beta$ 和表达式(4.1.4) 可以看出，只有当点 x 越靠近$\hat{x}$ 时，量 η 才会越趋于 0，而无论 x 取何值，量 β 和 κ 都不可能接近 0，所以，为了确保验证的成功和效果，在应用定理4.1.2验证实际非线性方程组解存在时，定理中的已知向量$\tilde{x}$ 必须取为方程组的满足一定精度的数值解。

(3) 设$\tilde{x}_1$，$\tilde{x}_2$是非线性方程组(1.2.7)一非奇异解的两个充分靠近的数值近似，且有$\|f'(\tilde{x}_1)^{-1}\|\leqslant \beta_1$，则 $f'(\tilde{x}_1)$ 与 $f'(\tilde{x}_2)$ 也充分靠近，进而，量 $\alpha := \|f'(\tilde{x}_1)-f'(\tilde{x}_2)\|$就充分趋于0，所以在这种情形下，$\alpha\beta_1 < 1$ 是可以满足的。因此，由定理 4.1.1 可得

$$\|f'(\tilde{x}_2)^{-1}\| \leqslant \frac{\beta_1}{1-\alpha\beta_1} \tag{4.1.5}$$

从理论层面来看，表达式(4.1.4)已非常完美，所含信息具体、明确，但从实际应用角度看，κ 的该表示还是无法用于真实计算。

4.2　三维矩阵范数界定

因为就满足上述条件的非线性映射 f 而言，其二阶导数(也即三维立方体矩阵)$f''(x)$，从张量理论[101]的角度来看，就是一个三阶张量，所以 $f''(x)$ 有如下的张量表示形式：

$$f''(x) = T_{ijk}e_ie_je_k =: T$$

其中，$T_{ijk} = \dfrac{\partial^2}{\partial x_j \partial x_k} f_i(x) =: \dfrac{\partial^2 f_i}{\partial x_j \partial x_k}$ 为 $f''(x)$ 的 (i, j, k) 位置上的元素，$i, j, k = 1, 2, \cdots, n$。

对任意的 $x = (x_1, x_2, \cdots, x_n)^{\mathrm{T}} \in \mathbf{R}^n$，因为

$$\begin{aligned} Tx &= T_{ijk}e_ie_je_k \cdot x_l e_l = T_{ijk}x_k e_i e_j \\ &= \begin{pmatrix} T_{11k}x_k & T_{12k}x_k & \cdots & T_{1nk}x_k \\ T_{21k}x_k & T_{22k}x_k & \cdots & T_{2nk}x_k \\ \vdots & \vdots & \ddots & \vdots \\ T_{n1k}x_k & T_{n2k}x_k & \cdots & T_{nnk}x_k \end{pmatrix} \in \mathbf{R}^{n\times n} \end{aligned}$$

所以

$$\begin{aligned} \|Tx\|_\infty &= \max_{1\leqslant i\leqslant n}\left(\sum_{j=1}^{n} |T_{ijk}x_k|\right) \leqslant \max_{1\leqslant i\leqslant n}(n \max_{1\leqslant j\leqslant n} |T_{ijk}x_k|) \\ &= n \max_{1\leqslant i\leqslant n}(\max_{1\leqslant j\leqslant n} |T_{ijk}x_k|) = n \max_{1\leqslant i\leqslant n} \left\| \begin{pmatrix} T_{i1k}x_k \\ T_{i2k}x_k \\ \vdots \\ T_{ink}x_k \end{pmatrix} \right\|_\infty \end{aligned}$$

其中，$(T_{i1k}x_k, T_{i2k}x_k, \cdots, T_{ink}x_k)^{\mathrm{T}} \in \mathbf{R}^n$。

而根据爱因斯坦求和约定，向量$(T_{i1k}x_k, T_{i2k}x_k, \cdots, T_{ink}x_k)^{\mathrm{T}}$又可表述成

$$\begin{pmatrix} T_{i1k}x_k \\ T_{i2k}x_k \\ \vdots \\ T_{ink}x_k \end{pmatrix} = \begin{pmatrix} T_{i11} & T_{i12} & \cdots & T_{i1n} \\ T_{i21} & T_{i22} & \cdots & T_{i2n} \\ \vdots & \vdots & \ddots & \vdots \\ T_{in1} & T_{in2} & \cdots & T_{inn} \end{pmatrix} \begin{pmatrix} x_1 \\ x_2 \\ \vdots \\ x_n \end{pmatrix}$$

所以

$$\left\| \begin{pmatrix} T_{i1k}x_k \\ T_{i2k}x_k \\ \vdots \\ T_{ink}x_k \end{pmatrix} \right\|_\infty = \left\| \begin{pmatrix} T_{i11} & T_{i12} & \cdots & T_{i1n} \\ T_{i21} & T_{i22} & \cdots & T_{i2n} \\ \vdots & \vdots & \ddots & \vdots \\ T_{in1} & T_{in2} & \cdots & T_{inn} \end{pmatrix} \begin{pmatrix} x_1 \\ x_2 \\ \vdots \\ x_n \end{pmatrix} \right\|_\infty$$

$$\leqslant \left\| \begin{pmatrix} T_{i11} & T_{i12} & \cdots & T_{i1n} \\ T_{i21} & T_{i22} & \cdots & T_{i2n} \\ \vdots & \vdots & \ddots & \vdots \\ T_{in1} & T_{in2} & \cdots & T_{inn} \end{pmatrix} \right\|_\infty \left\| \begin{pmatrix} x_1 \\ x_2 \\ \vdots \\ x_n \end{pmatrix} \right\|_\infty$$

综上所述，对任意的 $x=(x_1, x_2, \cdots, x_n)^{\mathrm{T}} \in \mathbf{R}^n$，我们有

$$\| Tx \|_\infty \leqslant n \max_{1 \leqslant i \leqslant n} \left\| \begin{pmatrix} T_{i11} & T_{i12} & \cdots & T_{i1n} \\ T_{i21} & T_{i22} & \cdots & T_{i2n} \\ \vdots & \vdots & \ddots & \vdots \\ T_{in1} & T_{in2} & \cdots & T_{inn} \end{pmatrix} \right\|_\infty \| x \|_\infty$$

进而，再根据三维立方体矩阵算子范数的定义公式(4.1.2)，即可得

$$\| f''(x) \|_\infty \leqslant n \max_{1 \leqslant i \leqslant n} \left\| \begin{pmatrix} T_{i11} & T_{i12} & \cdots & T_{i1n} \\ T_{i21} & T_{i22} & \cdots & T_{i2n} \\ \vdots & \vdots & \ddots & \vdots \\ T_{in1} & T_{in2} & \cdots & T_{inn} \end{pmatrix} \right\|_\infty$$

$$=n\max_{1\leqslant i\leqslant n}\left\|\begin{pmatrix}\dfrac{\partial^2 f_i}{\partial x_1\partial x_1} & \dfrac{\partial^2 f_i}{\partial x_1\partial x_2} & \cdots & \dfrac{\partial^2 f_i}{\partial x_1\partial x_n}\\ \dfrac{\partial^2 f_i}{\partial x_2\partial x_1} & \dfrac{\partial^2 f_i}{\partial x_2\partial x_2} & \cdots & \dfrac{\partial^2 f_i}{\partial x_2\partial x_n}\\ \vdots & \vdots & \ddots & \vdots\\ \dfrac{\partial^2 f_i}{\partial x_n\partial x_1} & \dfrac{\partial^2 f_i}{\partial x_n\partial x_2} & \cdots & \dfrac{\partial^2 f_i}{\partial x_n\partial x_n}\end{pmatrix}\right\|_\infty$$

最后，由表达式(4.1.4)可知，Lipschitz 条件式(4.1.1)中的常系数 $\boldsymbol{\kappa}$ 又可取为

$$\boldsymbol{\kappa}=n\max\left\{\sup_{x\in U(\tilde{x},\ 2\eta)}\left\|\begin{pmatrix}\dfrac{\partial^2 f_i}{\partial x_1\partial x_1} & \dfrac{\partial^2 f_i}{\partial x_1\partial x_2} & \cdots & \dfrac{\partial^2 f_i}{\partial x_1\partial x_n}\\ \dfrac{\partial^2 f_i}{\partial x_2\partial x_1} & \dfrac{\partial^2 f_i}{\partial x_2\partial x_2} & \cdots & \dfrac{\partial^2 f_i}{\partial x_2\partial x_n}\\ \vdots & \vdots & \ddots & \vdots\\ \dfrac{\partial^2 f_i}{\partial x_n\partial x_1} & \dfrac{\partial^2 f_i}{\partial x_n\partial x_2} & \cdots & \dfrac{\partial^2 f_i}{\partial x_n\partial x_n}\end{pmatrix}\right\|_\infty\right\} \tag{4.2.1}$$

因为根据区间分析理论可知，对任意的 $x\in U(\tilde{x},\ 2\eta)$ 有

$$\left\|\begin{pmatrix}\dfrac{\partial^2 f_i}{\partial x_1\partial x_1} & \dfrac{\partial^2 f_i}{\partial x_1\partial x_2} & \cdots & \dfrac{\partial^2 f_i}{\partial x_1\partial x_n}\\ \dfrac{\partial^2 f_i}{\partial x_2\partial x_1} & \dfrac{\partial^2 f_i}{\partial x_2\partial x_2} & \cdots & \dfrac{\partial^2 f_i}{\partial x_2\partial x_n}\\ \vdots & \vdots & \ddots & \vdots\\ \dfrac{\partial^2 f_i}{\partial x_n\partial x_1} & \dfrac{\partial^2 f_i}{\partial x_n\partial x_2} & \cdots & \dfrac{\partial^2 f_i}{\partial x_n\partial x_n}\end{pmatrix}\right\|_\infty \in$$

$$\left\|\begin{pmatrix}\dfrac{\partial^2 f_i}{\partial x_1\partial x_1}(\boldsymbol{x}) & \dfrac{\partial^2 f_i}{\partial x_1\partial x_2}(\boldsymbol{x}) & \cdots & \dfrac{\partial^2 f_i}{\partial x_1\partial x_n}(x)\\ \dfrac{\partial^2 f_i}{\partial x_2\partial x_1}(\boldsymbol{x}) & \dfrac{\partial^2 f_i}{\partial x_2\partial x_2}(\boldsymbol{x}) & \cdots & \dfrac{\partial^2 f_i}{\partial x_2\partial x_n}(\boldsymbol{x})\\ \vdots & \vdots & \ddots & \vdots\\ \dfrac{\partial^2 f_i}{\partial x_n\partial x_1}(\boldsymbol{x}) & \dfrac{\partial^2 f_i}{\partial x_n\partial x_2}(\boldsymbol{x}) & \cdots & \dfrac{\partial^2 f_i}{\partial x_n\partial x_n}(\boldsymbol{x})\end{pmatrix}\right\|_\infty =: y_i$$

其中，$\dfrac{\partial^2 f_i}{\partial x_j \partial x_1}(\boldsymbol{x})$ 为二阶偏导数 $\dfrac{\partial^2 f_i}{\partial x_j \partial x_1}$ 在区间向量 $\boldsymbol{x}=[\tilde{x}-2\eta, \tilde{x}+2\eta]$ 上的具包含单调性的区间扩展，$0 \leqslant y_i \in \mathbf{IR}$，$i$，$j$，$k=1, 2, \cdots, n$，而区间 y_i 可由 INTLAB/Matlab 命令语句 Yi $= f_i$(hessianinit($\boldsymbol{x}$)) 和 $\boldsymbol{y}_i =$ norm(Yi. hx，Inf) 直接获得，所以在实际计算时，量

$$\kappa_i := \sup_{x \in U(\tilde{x}, 2\eta)} \left\| \begin{pmatrix} \dfrac{\partial^2 f_i}{\partial x_1 \partial x_1} & \dfrac{\partial^2 f_i}{\partial x_1 \partial x_2} & \cdots & \dfrac{\partial^2 f_i}{\partial x_1 \partial x_n} \\ \dfrac{\partial^2 f_i}{\partial x_2 \partial x_1} & \dfrac{\partial^2 f_i}{\partial x_2 \partial x_2} & \cdots & \dfrac{\partial^2 f_i}{\partial x_2 \partial x_n} \\ \vdots & \vdots & \ddots & \vdots \\ \dfrac{\partial^2 f_i}{\partial x_n \partial x_1} & \dfrac{\partial^2 f_i}{\partial x_n \partial x_2} & \cdots & \dfrac{\partial^2 f_i}{\partial x_n \partial x_n} \end{pmatrix} \right\|_\infty$$

的大小是通过区间量 $\boldsymbol{y}_i$ 计算的，即 $\kappa_i = \overline{y}_i$，其中 $\overline{y}_i$ 为区间 $\boldsymbol{y}_i$ 的上端点。而 $\kappa = n\max\{\kappa_1, \kappa_2, \cdots, \kappa_n\}$。

至此，我们就解决了 Lipschitz 条件式(4.1.1) 中常系数 κ 的实际计算问题。下面，我们就来给出应用 Kantorovich 存在定理验证非线性方程组(1.2.7) 解存在的具体实现算法程序。

4.3　可信验证算法

在本节，基于上述的理论研究结果，我们使用 INTLAB/Matlab 语言给出基于 Kantorovich 存在定理建立的非线性方程组(1.2.7) 解的可信验证方法的具体实现算法程序。

由于 Kantorovich 存在定理的假设条件用到了非线性映射 f 在向量 $\tilde{x}$ 处的雅可比矩阵 $J_f(\tilde{x})$ 的逆矩阵 $J_f(\tilde{x})^{-1}$，所以本节展示的验证算法也只能用来检验非线性方程组(1.2.7) 非奇异解的存在性，其实这也是可信验证方法的适用原则所决定的。

算法 4.3.1(Kantorovich 验证算法)

输入： 非线性方程组(1.2.7)及其满足一定精度的数值解 $\tilde{x}$。

输出： 包含方程组(1.2.7)非奇异解的宽度满足实际需求的区间向量 $\boldsymbol{x}_{\text{out}}$。

(1) 使用 INTLAB/Matlab 命令语句 x = intval($\tilde{x}$) 生成包含 $\tilde{x}$ 的区间向量 $\tilde{x}$。

(2) 使用 INTLAB/Matlab 命令语句 Y = f(gradientinit(x)) 计算区间向量 $f(\tilde{\boldsymbol{x}})$ 和区间矩阵 $f'(\tilde{\boldsymbol{x}})$

①$f(\tilde{\boldsymbol{x}})$ = Y. x。

②$f'(\tilde{\boldsymbol{x}})$ = Y. dx。

(3) 使用 INTLAB 函数 verifylss 给出区间矩阵方程 $f'(\tilde{\boldsymbol{x}})X = I_n$ 和区间线性方程组 $f'(\tilde{\boldsymbol{x}})x = f(\tilde{\boldsymbol{x}})$ 的解闭包含 $\boldsymbol{X} \in \mathbf{IR}^{n\times n}$ 和 $\boldsymbol{x} \in \mathbf{IR}^n$。

(4) 使用 INTLAB/Matlab 命令 mag(norm(x, Inf)) 计算量 β 和 η 的数值上界 $\hat{\beta}$ 和 $\hat{\eta}$，即 $\hat{\beta} = \text{mag}(\|\boldsymbol{X}\|_\infty)$ 和 $\hat{\eta} = \text{mag}(\|\boldsymbol{x}\|_\infty)$。

(5) 分别在舍入模式 setround(−1) 和 setround(1) 下计算 $x = [\tilde{x} - 2\eta, \tilde{x} + 2\eta] \in \mathbf{IR}^n$ 的数值下、上端点 fldown($\tilde{x} - 2\hat{\eta}$) 和 flup($\tilde{x} + 2\hat{\eta}$)，即有

$$[\tilde{x} - 2\eta, \tilde{x} + 2\eta] \subseteq [\text{fldown}(\tilde{x} - 2\eta), \text{flup}(\tilde{x} + 2\eta)] =: x_{\text{out}}$$

(6) 根据表达式(4.2.1)，使用 INTLAB 命令 f(hessianinit(x_{out})) 计算量 κ 在区间向量 $[\tilde{x} - 2\eta, \tilde{x} + 2\eta]$ 上的数值上界 $\hat{\kappa}$。

①$\mathrm{Y}_i = f_i$(hessianinit(x_{out}))，y_i = norm(Y_i. hx, Inf) 和 $\kappa_i = \text{mag}(y_i)$，其中 $i = 1, 2, \cdots, n$。

②$\hat{\kappa} = n\max\{K_1, K_2, \cdots, K_n\}$。

(7) 在舍入模式 setround(1) 下，利用已获得的数值 $\hat{\beta}$、$\hat{\eta}$ 和 $\hat{\kappa}$ 计算量 $\rho = \kappa\beta\eta$ 的数值上界 $\hat{\rho}$。

(8) 检验不等关系 $\hat{\rho} \leqslant 0.5$ 是否成立。

① 若不等关系 $\hat{\rho} \leqslant 0.5$ 成立，则进行第(9)步，即输出区间向量 $\boldsymbol{x}_{\text{out}}$。

② 若不等关系 $\hat{\rho} \leqslant 0.5$ 不成立，则需要应用牛顿迭代法提高近似解 $\tilde{x}$ 的精度，然后返回第(1)步进行下一轮验证工作。

(9) 输出区间向量 $\boldsymbol{x}_{\text{out}}$。

从算法 4.3.1 中不难发现，获取数值$\hat{\beta}$所用的区间矩阵$\boldsymbol{X}$正是区间矩阵方程$f'(\tilde{\boldsymbol{x}})X=I_n$的解的闭包含，而用 INTLAB 函数 verifylss 给出$f'(\tilde{\boldsymbol{x}})X=I_n$的解的闭包含，即区间矩阵$\boldsymbol{X}$，是需要付出很大计算代价的。为此，在用算法 4.3.1 进行验证时，如果是因为数值解$\tilde{x}$精度低导致验证失败，而需要通过提高数值解的精度再次进行验证时，我们可以使用下面的节约时间策略(即算法 4.3.2) 计算新验证步中所需的数值$\hat{\beta}$。

算法 4.3.2(**算法** 4.3.1 **的节约计算时间策略**)

输入： 上一个验证步中所用的数值解$\tilde{x}_1$、区间矩阵$f'(\tilde{\boldsymbol{x}}_1)$和量$\beta$的数值上界$\hat{\beta}_1$，其中$\boldsymbol{x}_1=\text{intval}(\tilde{x}_1)$。

输出： 新验证步中量β的数值上界$\hat{\beta}_2$。

(1) 从$\tilde{x}_1$出发，应用牛顿迭代法获取精度更高的数值解$\tilde{x}_2$。

(2) 使用 INTLAB/Matlab 命令语句 x = intval($\tilde{x}_2$) 生成包含$\tilde{x}_2$的区间向量$\tilde{\boldsymbol{x}}_2$。

(3) 使用 INTLAB/Matlab 命令语句 Y = f(gradientinit(x)) 计算区间矩阵$f'(\tilde{\boldsymbol{x}}_2)$即$f'(\tilde{\boldsymbol{x}}_2)=$ Y. dx。

(4) 使用 INTLAB/Matlab 命令 mag(norm(x, Inf)) 计算量$\alpha:=\|f'(\tilde{x}_1)-f'(\tilde{x}_2)\|_\infty$的数值上界$\hat{\alpha}$，即$\hat{\alpha}=\text{mag}(\|f'(\tilde{x}_1)-f'(\tilde{x}_2)\|_\infty)$。

(5) 在舍入模式 setround(1) 下，利用已获得的数值$\hat{\alpha}$和$\hat{\beta}_1$计算量$\gamma:=\alpha\beta_1$数值上界$\hat{\gamma}$

(6) 检验不等关系$\hat{\gamma}<1$是否成立。

① 若不等关系$\hat{\gamma}<1$成立，进行第(7) 步。

② 若不等关系$\hat{\gamma}<1$不成立，则该节约计算时间策略失败。

(7) 在舍入模式 setround(1) 下，依据表达式(4.1.5)，利用已获得的数值$\hat{\alpha}$和$\hat{\gamma}_1$计算量β的数值上界$\hat{\beta}_1$。

(8) 输出数量$\hat{\beta}_2$。

注 4.3.1　从数值计算理论和实践经验来看，一般地，两个数值解$\tilde{x}_1$和$\tilde{x}_2$是充分靠近的，所以不等关系$\hat{\gamma}<1$肯定成立，也即上述的节约计算时间策略(即算法 4.3.2) 是可行的。另外，由于算法 4.3.2 不再涉及区间矩阵方程

解的可信验证，而是以浮点运算为主，所以在符合条件下，应用算法4.3.2计算数值$\hat{\beta}$减少计算量、节约时间的效果还是很明显的。大量的数值实验结果也支撑这一观察。

4.4 数值实验与结果

在本小节我们通过几个具有代表性的数值例子，分别从初始近似精度高低对验证成败的影响和CPU运算时间两方面对算法3.1.1和算法4.3.1进行了比较，以从实践层面表明Kantorovich可信验证方法较第3章中研究的主流可信验证方法(即Rump型可信验证方法)具有上述的两方面优点。

本节的所有数值实验均是在装有Windows 7操作系统的联想笔记本电脑(1.70 GHz Intel(R) Core(TM)i5-3317U-processor，4GB of memory)上使用Matlab R2011a和INTLAB V6软件完成的。

我们首先来考虑一个只有初等函数组成的、没有实用背景的、简单的非线性方程组解的可信验证问题。

例 4.4.1 已知非线性方程组

$$f(x):=\begin{pmatrix} 3x_1-\cos(x_2x_3)-\dfrac{1}{2} \\ x_1^2-81(x_2+0.1)^2+\sin x_3+1.06 \\ e^{-x_1x_2}+20x_3+\dfrac{10\pi-3}{3} \end{pmatrix}=0 \qquad (4.4.1)$$

我们先后就非线性方程组(4.4.1)的具有不同精度的近似解$\tilde{x}_1=\begin{pmatrix}0.500\,00\\-0.000\,03\\-0.523\,60\end{pmatrix}$和$\tilde{x}_1=\begin{pmatrix}0.500\,000\,002\,581\,808\\-0.000\,028\,492\,129\,453\\-0.523\,599\,487\,583\,918\end{pmatrix}\in\mathbf{R}^3$，分别应用验证算法3.1.1和算法4.3.1检验方程组(4.4.1)位于近似解$\tilde{x}_1(\tilde{x}_2)$附近的解的存在性，其中近似解$\tilde{x}_2$是从近似解$\tilde{x}_1$出发，应用牛顿迭代法获得，故近似解$\tilde{x}_2$的精度高于近似解$\tilde{x}_1$的精度。相关的验证结果和对应的CPU运行时间在表

4.1 和表 4.2 中展示。

表 4.1　关于近似解 $\tilde{x}_2$ 的数值实验结果

算法	解的闭包含	运行时间 /s
算法 4.3.1	$XX1:=\begin{pmatrix}[0.499\,969\,922\,211\,20,\ 0.500\,030\,077\,788\,80]\\ [-0.000\,060\,077\,788\,80,\ 0.000\,000\,077\,788\,80]\\ [-0.523\,630\,077\,788\,80,\ -0.523\,569\,922\,211\,20]\end{pmatrix}$	$t_1=0.075\,118$
算法 3.1.1	$XX2:=\text{NaN}$	$t_2=\text{NaN}$

表 4.2　关于近似解 $\tilde{x}_2$ 的数值实验结果

算法	解的闭包含	运行时间 /s
算法 4.3.1	$YY1:=\begin{pmatrix}[0.499\,971\,440\,304\,05,\ 0.500\,028\,564\,859\,57]\\ [-0.000\,057\,054\,407\,21,\ 0.000\,000\,070\,148\,31]\\ [-0.523\,628\,049\,861\,68,\ -0.523\,570\,925\,306\,16]\end{pmatrix}$	$t_1=0.026187$
算法 3.1.1	$YY2:=\begin{pmatrix}[0.499\,999\,999\,947\,28,\ 0.500\,000\,000\,082\,02]\\ [-0.000\,000\,005\,779\,63,\ 0.000\,000\,008\,992\,07]\\ [-0.523\,598\,775\,750\,01,\ -0.523\,598\,775\,362\,27]\end{pmatrix}$	$t_2=0.052\,508$

表 4.1 中的符号 NaN 表示对应的验证算法(即算法 3.1.1)验证失败，而失败的原因正是近似解 $\tilde{x}_1$ 的精度低。对应地，从表 4.2 中我们可以看到，对于高精度的近似解 $\tilde{x}_2$，算法 4.3.1 和算法 3.1.1 均验证成功，而且还因使用算法 4.3.2(即节约计算时间策略)的缘故，算法 4.3.1 的 CPU 运行时间远远少于算法 3.1.1。当然从表 4.2 中也可看到，算法 3.1.1 给出的解的闭包含 YY2 要比算法 4.3.1 给出的解的闭包含 YY1 更窄些，即有 $YY2 \subseteq YY1$。经分析后发现，出现这种结果的原因是区间向量 YY1 中不仅包含近似解 $\tilde{x}_2$ 附近的准确解，还包含了近似解 $\tilde{x}_2$，而区间向量 YY2 中只包含近似解 $\tilde{x}_2$ 附近的准确解，却不包含近似解 $\tilde{x}_2$，即有 $\tilde{x}_2 \in YY1$，且 $\tilde{x}_2 \notin YY2$，另外，因为近似解 $\tilde{x}_2$ 还是区间向量 YY1 的中点，所以本质上算法 4.3.1 给出的解的闭包含是区间向量 YY1 的一半。综上所述，包含关系 $YY2 \subseteq YY1$ 不能看作算法

4.3.1(即 Kantorovich 验证算法)的一个缺点。

顺便在此先声明一下，在以下的几个数值例子中，对于共用的高精度近似解，算法 4.3.1 和算法 3.1.1 给出的解的闭包含均有上述表现，但由于数据量大，所以我们没有在文中展示验证算法 4.3.1 和算法 3.1.1 给出的解的闭包含。

对于下面的几个数值例子，为了从实践层面直观清楚地说明有关问题，我们的具体实验步骤是这样的：首先从给定的初始迭代向量出发，按照预先设定好的迭代次数，应用牛顿迭代法获得各维非线性方程组的满足不同精度的两个数值解 $\tilde{y}_1(\tilde{u}_1)$ 和 $\tilde{y}_2(\tilde{u}_2)\in\mathbf{R}^n$，其中正整数 n 为此时对应的非线性方程组中方程的个数和自变量的个数，即方程组的维数；然后再分别应用算法 3.1.1 和算法 4.3.1 检验各维方程组位于近似解 $\tilde{y}_1(\tilde{u}_1)$ ($\tilde{y}_2(\tilde{u}_2)$) 附近的解的存在性。

需要指出的是，在应用算法 4.3.1 检验各维方程组位于 $\tilde{y}_2(\tilde{u}_2)$ 附近的解的存在性时，节约计算时间策略(即算法 4.3.2)被使用。另外，由于我们是先从给定的初始迭代向量出发，按照预先设定好的迭代次数，应用 Newton 迭代法获得近似解 $\tilde{y}_1(\tilde{u}_1)$，然后再从 $\tilde{y}_1(\tilde{u}_1)$ 出发，按照预先设定好的迭代次数，应用牛顿迭代法获得近似解 $\tilde{y}_2(\tilde{u}_2)$ 的，所以近似解 $\tilde{y}_2(\tilde{u}_2)$ 的精度高于近似解 $\tilde{y}_1(\tilde{u}_1)$ 的精度。

例 4.4.2(Abbott **和** Brent[99]) 已知两点边值问题

$$\begin{cases}3\ddot{y}y+\dot{y}^2=0\\ y(0)=0,\ y(1)=20\end{cases}\tag{4.4.2}$$

不难发现一元函数 $y=20x^{0.75}$ 是两点边值问题(4.4.2)的解析解。根据微分方程数值解理论易知，方程(4.4.2)有如下的离散形式：

$$\begin{cases}f_k(y)\equiv 3y_k(y_{k+1}-2y_k+y_{k+1})+\left(\dfrac{y_{k+1}-y_{k-1}}{2}\right)^2=0,\ 1\leqslant k\leqslant n\\ y_0=0,\ y_{n+1}=20\end{cases}\tag{4.4.3}$$

我们选取区间[0，20]内的 $n+1$ 等分节点组成的 n 维实向量作为计算非线性方程组(4.4.3) 近似解的初始迭代向量，然后按照上述的实验步骤进行操作。各维非线性方程组(4.4.3) 对应的最终验证结果和 CPU 运行时间均在表 4.3 和表 4.4 中展示。

表 4.3　关于方程组(4.4.3) 近似解 $\tilde{y}_1$ 和 $\tilde{y}_2$ 的若干信息

Dim	计算近似解 $\tilde{y}_1$ 所用的牛顿迭代数	计算近似解 $\tilde{y}_2$ 所用的牛顿迭代数	$\lVert \tilde{y}_1 - \tilde{y}_2 \rVert_\infty$
20	4	6	3.2529×10^{-5}
50	5	7	4.1734×10^{-8}
100	5	7	1.3295×10^{-6}
200	6	8	1.2560×10^{-9}

表 4.4　验证方程组(4.4.3) 的 CPU 运行时间

单位：s

Dim	利用近似解 $\tilde{y}_1$ 的可信验证		利用近似解 $\tilde{y}_2$ 的可信验证	
	算法 4.3.1	算法 3.1.1	算法 4.3.1	算法 3.1.1
20	0.441 055	NaN	0.166 783	0.354 691
50	1.130 872	NaN	0.440 282	0.939 246
100	2.317 357	NaN	0.902 283	1.894 000
200	4.755 220	NaN	1.764 169	3.845 189

例 4.4.3(文献[100])　已知积分方程

$$\bar{u}(t) + \int_0^1 H(s,t)(\bar{u}(s) + s + 1)^3 \mathrm{d}s = 0$$

其中，$H(s,t) = \begin{cases} s(1-t), & s \leqslant t \\ t(1=s), & s > t \end{cases}$。

考虑其如下的离散形式：

$$\begin{cases} f_k(u) \equiv u_k + \dfrac{1}{2}\{(1-t_k)\sum_{j=1}^{k} t_j(u_j + t_j + 1)^3 + \\ \qquad t_k \sum_{j=k+1}^{n} (1-t_j)(u_j + t_j + 1)^3\} = 0 \\ u_0 = u_{n+1} = 0,\ t_j = j \cdot h,\ h = (n+1)^{-1} \end{cases} \tag{4.4.4}$$

其中，$u_k = \bar{u}(t_k)$，$1 \leqslant k \leqslant n$。

我们选取 $u_i = t_i(t_i - 1)$，$1 \leqslant i \leqslant n$ 组成的 n 维实向量作为计算非线性方程组(4.4.4)的初始迭代向量，然后按照上述的实验步骤进行操作。各维非线性方程组(4.4.4)对应的最终验证结果和 CPU 运行时间均陈列在表 4.5 和 4.6 中。

表 4.5　关于方程组(4.4.4)近似解 $\tilde{u}_1$ 和 $\tilde{u}_2$ 的若干信息

Dim	计算近似解 $\tilde{u}_1$ 所用的牛顿迭代数	计算近似解 $\tilde{u}_2$ 所用的牛顿迭代数	$\Vert \tilde{u}_1 - \tilde{u}_2 \Vert_\infty$
20	5	8	$4.625\,8 \times 10^{-5}$
50	7	10	$1.602\,0 \times 10^{-4}$
100	9	12	$6.276\,3 \times 10^{-7}$
200	10	12	$1.362\,0 \times 10^{-7}$

表 4.6　验证方程组(4.4.4)的 CPU 运行时间

单位：s

Dim	利用近似解 $\tilde{y}_1$ 的可信验证		利用近似解 $\tilde{y}_2$ 的可信验证	
	算法 4.3.1	算法 3.1.1	算法 4.3.1	算法 3.1.1
20	1.227 068	NaN	0.460 682	0.986 703
50	4.693 254	NaN	1.769 322	3.813 573
100	30.061 772	NaN	12.023 260	25.994 524
200	119.728 1	NaN	47.881 437	103.288 758

例 4.4.4 (文献[100])　已知微分方程初值问题：

$$u''(t)=\frac{1}{2}\left(u(t)+t+1\right)^{3},\ 0<t<1,\ u(0)=u(1)=0$$

根据微分方程数值解理论可知，上述初值问题有如下的离散形式：

$$\begin{cases} f_k(u)\equiv u_{k+1}-2u_k+u_{k-1}-\dfrac{1}{2}h^2\left(u_k+t_k+1\right)^3=0,\ 1\leqslant k\leqslant n \\ u_0=u_{n+1}=0,\ t_k=k\cdot h,\ h=(n+1)^{-1} \end{cases} \tag{4.4.5}$$

其中，$u_k=\bar{u}(t_k)$，$k=1, 2, \cdots, n$。

我们取 $u=(\xi_i)\in \mathbf{R}^n$，$\xi_i=t_i(t_i-1)$，$1\leqslant i\leqslant n$ 作为计算非线性方程组(4.4.5) 的初始迭代向量，然后按照上述的实验步骤进行操作。各维非线性方程组(4.4.5) 对应的最终验证结果和 CPU 运行时间均在表 4.7 和表 4.8 中展示。

表 4.7　关于方程组(4.4.5) 近似解 $\tilde{u}_1$ 和 $\tilde{u}_2$ 的若干信息

Dim	计算近似解 $\tilde{u}_1$ 所用的牛顿迭代数	计算近似解 $\tilde{u}_2$ 所用的牛顿迭代数	$\|\tilde{u}_1-\tilde{u}_2\|_\infty$
50	1	4	4.8311×10^{-5}
100	1	4	1.2434×10^{-5}
200	1	4	3.1474×10^{-6}
500	1	3	5.0696×10^{-7}
1 000	1	3	1.2701×10^{-7}
2 000	1	3	3.1784×10^{-8}

表 4.8　验证方程组(4.4.5)的 CPU 运行时间

单位：s

Dim	利用近似解 $\tilde{y}_1$ 的可信验证		利用近似解 $\tilde{y}_2$ 的可信验证	
	算法 4.3.1	算法 3.1.1	算法 4.3.1	算法 3.1.1
50	0.936 123	NaN	0.351 226	0.749 501
100	1.868 013	NaN	0.698 263	1.494 508
200	3.923 520	NaN	1.416 775	3.068 665
500	14.185 405	NaN	3.593 764	7.701 098
1 000	73.667 772	NaN	7.333 531	16.071 679
2 000	487.409 3	NaN	15.402 135	34.136 242

注 4.4.1　在表4.4，表4.6和表4.8中，符号NaN的含义也是因近似解($\tilde{x}_1$)精度低导致的验证失败。

第 5 章　线性鞍点问题的可信验证

大型稀疏线性鞍点问题来源于科学与工程计算的许多领域。线性鞍点问题的应用背景十分广泛，如计算流体力学、约束与加权最小二乘估计、约束优化、电磁方程的计算、电力系统与网络构造、数字图像技术、计算机图形学的网格生成等。

强大的实际应用背景决定了鞍点线性方程组(2.2.1)的求解与验证问题现实意义重大，而系数矩阵 H（即鞍点矩阵）的特有结构和特殊属性又决定了鞍点线性方程组(2.2.1)的求解与验证问题的难度。正因为如此，鞍点线性方程组(2.2.1)解的计算与验证问题引起了众多学者和专家的兴趣与重视。对于鞍点线性方程组(2.2.1)的求解问题，迄今为止，已有大量的研究工作被做，许多稳定高效的求解数值方法被提出[97，103-118]。然而，有关鞍点线性方程组(2.2.1)解的存在性检验方面的研究工作开展得却还比较少，主要是因为解的存在性检验难度远大于解的计算难度。

本章主要讨论鞍点线性方程组(2.2.1)的可信验证问题。首先，简要介绍了研究问题的背景。随后，利用鞍点矩阵 H 的特有结构和特殊性质以及矩阵基本理论，给出了界估计式(5.1.6)的另一种证明方法，与原证明法相比，新方法更简单明了。其次，针对现有可信验证方法式(5.1.10)存在的缺陷，我们利用结论式(5.1.8)和式(5.1.11)对其作了改进，建立了新的可信验证方法式(5.1.12)。最后，介绍了验证方法式(5.1.10)的具体计算机算法实现程序，即算法 5.3.1，并给出了新验证方法式(5.1.12)的具体计算机算法实现程序，即算法 5.3.2。

理论结果和数值实验表明，改进后的可信验证方法式(5.1.12)不仅耗费的计算时间比原可信验证方法式(5.1.10)的少，而且给出的解的误差界也比原验证方法式(5.1.10)的小。另外，有关理论分析和数值结果还表明，可信验证方法式(5.1.12)对于更大维数的鞍点线性方程组式(2.2.1)仍然有效，所以可信验证方法式(5.1.12)的适用范围要比可信验证方法式(5.1.10)的广泛。

5.1　研究问题概述

由于传统的线性方程组解的可信验证方法均需要使用系数矩阵的数值近似逆，而对于鞍点线性方程组(2.2.1)的系数矩阵 $H \in \mathbf{R}^{(m+n)\times(m+n)}$，一是其条件数会随着问题规模的扩大而变大；二是其逆矩阵一般情况下不再具有稀疏性，所以这些传统的可信验证方法对于维数 $l := m+n$ 很大的鞍点线性方程组(2.2.1)就不再有效。因此，根据矩阵 H 的特有结构和特殊性质，研究建立专属于鞍点线性方程组(2.2.1)的可信验证方法具有重大实际意义。

有关鞍点线性方程组(2.2.1)解的存在性验证研究的开创性工作是 Chen 和 Hashimoto 于 2003 年发表的成果[43]。首先，他们巧妙地利用系数矩阵 H 的特殊结构、特殊性质和矩阵基本理论给出了如下的可信验证方法：

$$\begin{cases} \|\tilde{u}-\hat{u}\|_\infty = \max\{\|\hat{x}-\tilde{x}\|_\infty,\ \|\hat{y}-\tilde{y}\|_\infty \\ \qquad\qquad \leqslant \max\{\|\hat{x}-\tilde{x}\|_\infty,\ \|\hat{y}-\tilde{y}\|_2 \\ \|\hat{x}-\tilde{x}\|_2 \leqslant \|A^{-1}\|_2(\|r_1\|_2+\|B^{\mathrm{T}}\|_2\|\hat{y}-\tilde{y}\|_2) \\ \|\hat{y}-\tilde{y}\|_2 \leqslant \|A\|_2\|(BB^{\mathrm{T}})^{-1}\|_2(\|r_2\|_2+\|B\|_2\|A^{-1}\|_2\|r_1\|_2) \end{cases} \tag{5.1.1}$$

其中，$\hat{u}=(\hat{x}^{\mathrm{T}},\ \hat{y}^{\mathrm{T}})^{\mathrm{T}}$ 和 $\hat{u}=(\tilde{x}^{\mathrm{T}},\ \tilde{y}^{\mathrm{T}})^{\mathrm{T}} \in \mathbf{R}^l$ 分别表示鞍点线性方程组(2.2.1)的准确解和满足一定精度的数值解；$\hat{x}$，$\tilde{x} \in \mathbf{R}^n$；$\hat{y}$，$\tilde{y} \in \mathbf{R}^m$；$r_1 = A\tilde{x}+B^{\mathrm{T}}\tilde{y}-c$，$r_2 = B\tilde{x}-d$。

因为诸如椭圆型等的偏微分方程在用五点差分格式离散时，生成的实对称

矩阵 A 具有特征值全部已知的属性，所以在这种情形下，$\|A\|_2$ 和 $\|A^{-1}\|_2$ 的计算是没有什么代价的，故可信验证方法(5.1.1)是可以直接应用的情形。然而，一般情况下，矩阵无穷大范数的计算要远比二范数的计算容易得多。另外，再注意到这样一个事实，即在许多情形下，Stokes 方程经有限差分法或有限元法离散后生成的实对称矩阵 A 还是一个单调矩阵，即有 $A^{-1}\geqslant 0$，而对于单调矩阵的逆，又有如下的可用于实际计算的最优估计界：

$$\|A^{-1}\|_\infty \leqslant \frac{\|\widetilde{w}\|}{1-\|\mathrm{e}-A\widetilde{w}\|_\infty} \tag{5.1.2}$$

其中，$\widetilde{w}\in\mathbf{R}^n$ 为线性方程组 $Aw=\mathrm{e}$ 的具有一定精度的数值近似解。

又从矩阵 A 和 BB^{T} 的对称性，可得

$$\|A\|_2=\rho(A)\leqslant\|A\|_\infty,\ \|(BB^{\mathrm{T}})^{-1}\|_2\leqslant\|(BB^{\mathrm{T}})^{-1}\|_\infty$$

再结合

$$\|B\|_2=\sqrt{\rho(B^{\mathrm{T}}B)}\leqslant\sqrt{\|B^{\mathrm{T}}B\|_\infty}$$

和界估计式(5.1.2)，Chen 和 Hashimoto 在验证法式(5.1.1)的基础上，又建立了如下适用于矩阵 A 为单调情形的可信验证方法：

$$\begin{cases}\|\widetilde{u}-\hat{u}\|_\infty=\max\{\|\hat{x}-\widetilde{x}\|_\infty,\ \|\hat{y}-\widetilde{y}\|_\infty\}\\[2mm] \|\hat{x}-\widetilde{x}\|_\infty\leqslant\dfrac{\|\widetilde{w}\|_\infty(\|r_1\|_\infty+\|B^{\mathrm{T}}\|_\infty\ \|\hat{y}-\widetilde{y}\|_\infty)}{1-\|\mathrm{e}-A\widetilde{w}\|_\infty}\\[2mm] \|\hat{y}-\widetilde{y}\|_\infty\leqslant\|A\|_\infty\ \|(BB^{\mathrm{T}})^{-1}\|_\infty\\ \qquad\qquad\left(\|r_2\|_2+\dfrac{\sqrt{\|B^{\mathrm{T}}B\|_\infty}\ \|\widetilde{w}\|_\infty\ \|r_1\|_2}{1-\|\mathrm{e}-A\widetilde{w}\|_\infty}\right)\end{cases} \tag{5.1.3}$$

最后，从实际计算的角度考虑，Chen 和 Hashimoto 又借助文献[46]中的相关技巧计算了矩阵 BB^{T} 的 Cholesky 分解，即得到了一个数值矩阵 $\widetilde{L}$ 满足 $BB^{\mathrm{T}}\approx\widetilde{L}\widetilde{L}^{\mathrm{T}}$。然后又利用矩阵 $\widetilde{L}$ 的数值近似逆矩阵 $\widetilde{L}^{-1}$（即有 $\widetilde{L}\widetilde{L}^{-1}\approx I_m$）给出了可用于实际计算量 $\|(BB^{\mathrm{T}})^{-1}\|_\infty$ 的一个上界表达式，即

$$\|(BB^{\mathrm{T}})^{-1}\|_\infty\leqslant\frac{\|\widetilde{L}^{-\mathrm{T}}\widetilde{L}^{-1}\|}{1-\|I_m-(BB^{\mathrm{T}})\widetilde{L}^{-\mathrm{T}}\widetilde{L}^{-1}\|} \tag{5.1.4}$$

其中，$\widetilde{L}^{-\mathrm{T}}$ 表示矩阵 $\widetilde{L}^{-1}$ 的转置阵。

综上所述，Chen 和 Hashimoto 的可信验证方法可归结为如下的形式：

$$\begin{cases} \|\tilde{u}-\hat{u}\|_\infty = \max\{\|\hat{x}-\tilde{x}\|_\infty,\ \|\hat{y}-\tilde{y}\|_\infty\} \\ \|\hat{x}-x\|_\infty \leqslant \dfrac{\|\tilde{w}\|_\infty(\|r_1\|_\infty + \|B^{\mathrm{T}}\|_\infty\|\hat{y}-\tilde{y}\|_\infty)}{1-\|\mathrm{e}-A\tilde{w}\|_\infty} \\ \|\hat{y}-\tilde{y}\|_\infty \leqslant \|A\|_\infty\|(BB^{\mathrm{T}})^{-1}\|_\infty \\ \qquad\qquad \left(\|r_2\|_2 + \dfrac{\sqrt{\|B^{\mathrm{T}}B\|_\infty}\ \|\tilde{w}\|_\infty\ \|r_1\|_2}{1-\|\mathrm{e}-A\tilde{w}\|_\infty}\right) \\ \|(BB^{\mathrm{T}})^{-1}\|_\infty \leqslant \dfrac{\|\tilde{L}^{-\mathrm{T}}\tilde{L}^{-1}\|_\infty}{1-\|I_m-(BB^{\mathrm{T}})\tilde{L}^{-\mathrm{T}}\tilde{L}^{-1}\|_\infty} \end{cases} \tag{5.1.5}$$

注 5.1.1　可信验证方法(5.1.5)的适用范围为系数矩阵 H 的第(1，1)块矩阵(即 A)是单调矩阵(即 $A^{-1}\geqslant 0$)的鞍点线性方程组(2.2.1)。

2009 年，Kimura 和 Chen[44] 又利用块对角预处理子及其代数分析理论[113]解决了量$\|H^{-1}\|_2$ 的实际计算问题，即有

$$\|H^{-1}\|_2 \leqslant \frac{2}{\sqrt{5}-1}\max\{\|A^{-1}\|_2,\ \|A\|_2\|(BB^{-\mathrm{T}})^{-1}\|_2\} \tag{5.1.6}$$

进而，有

$$\begin{aligned} \|\hat{u}-\tilde{u}\|_2 &= \|H^{-1}b-\tilde{u}\|_2 = \|H^{-1}(b-H\tilde{u})\|_2 \\ &\leqslant \|H^{-1}\|_2\|b-H\tilde{u}\|_2 \\ &\leqslant \frac{2}{\sqrt{5}-1}\max\{\|A^{-1}\|_2, \\ &\quad \|A\|_2\|(BB^{-\mathrm{T}})^{-1}\|_2\}\|b-H\tilde{u}\|_2 \end{aligned} \tag{5.1.7}$$

再注意到矩阵 A 和 BB^{T} 的对称性，所以又有

$$\begin{aligned} \|\hat{u}-\tilde{u}\|_2 &= \|H^{-1}b-\tilde{u}\|_2 = \|H^{-1}(b-H\tilde{u})\|_2 \\ &\leqslant \|H^{-1}\|_2\|b-H\tilde{u}\|_2 \\ &\leqslant \frac{2}{\sqrt{5}-1}\max\{\|A^{-1}\|_2,\ \|A\|_2\|(BB^{\mathrm{T}})^{-1}\|_2\}\|b-H\tilde{u}\|_2 \\ &\leqslant \frac{2}{\sqrt{5}-1}\max\{\|A^{-1}\|_2,\ \|A\|_\infty\|(BB^{\mathrm{T}})^{-1}\|_2\}\|b-H\tilde{u}\|_2 \end{aligned}$$

$$\leqslant \frac{2}{\sqrt{5}-1}\max\{\|A^{-1}\|_2,\ \|A\|_\infty\|(BB^{\mathrm{T}})^{-1}\|_2\}\|b-H\tilde{u}\|_2$$

$$\leqslant \frac{2}{\sqrt{5}-1}\max\{\|A^{-1}\|_2,\ \|A\|_\infty\|(BB^{\mathrm{T}})^{-1}\|_\infty\}\|b-H\tilde{u}\|_2 \tag{5.1.8}$$

在实际应用时，Kimura 和 Chen 又利用文献[46]中的相关结论给出了可用于实际计算量$\|A^{-1}\|_\infty$和$\|(BB^{\mathrm{T}})^{-1}\|_\infty$的上界表达式，即如果

$$\|\widetilde{A}^{-1}A-I_n\|_\infty<1,\ \|\widetilde{(BB^{\mathrm{T}})}^{-1}(BB^{\mathrm{T}})-I_m\|_\infty<1$$

则有

$$\begin{cases}\|A^{-1}\|_\infty\leqslant\dfrac{\|\widetilde{A}^{-1}\|_\infty}{1-\|\widetilde{A}^{-1}A-I_n\|_\infty}\\[2ex]\|(BB^{\mathrm{T}})^{-1}\|_\infty\leqslant\dfrac{\|\widetilde{(BB^{\mathrm{T}})}^{-1}\|_\infty}{1-\|\widetilde{(BB^{\mathrm{T}})}^{-1}(BB^{\mathrm{T}})-I_m\|_\infty}\end{cases} \tag{5.1.9}$$

其中，$\widetilde{A}^{-1}$和$\widetilde{(BB^{\mathrm{T}})}^{-1}$分别表示矩阵$A$和$BB^{\mathrm{T}}$的满足一定精度的数值近似逆。

综上所述，Kimura 和 Chen 的可信验证方法可归纳为如下形式：

$$\begin{cases}\|\hat{u}-\tilde{u}\|_2\leqslant\dfrac{2}{\sqrt{5}-1}\max\{\|A^{-1}\|_\infty,\ \|A\|_\infty\|(BB^{\mathrm{T}})^{-1}\|_\infty\}\|b-H\tilde{u}\|_2\\[2ex]\|A^{-1}\|_\infty\leqslant\dfrac{\|\widetilde{A}^{-1}\|_\infty}{1-\|\widetilde{A}^{-1}A-I_n\|_\infty},\ 若\|\widetilde{A}^{-1}A-I_n\|_\infty<1\\[2ex]\|(BB^{\mathrm{T}})^{-1}\|_\infty\leqslant\dfrac{\|\widetilde{(BB^{\mathrm{T}})}^{-1}\|_\infty}{1-\|\widetilde{(BB^{\mathrm{T}})}^{-1}(BB^{\mathrm{T}})-I_m\|_\infty},\ 若\|\widetilde{(BB^{\mathrm{T}})}^{-1}(BB^{\mathrm{T}})-I_m\|<1\end{cases} \tag{5.1.10}$$

注 5.1.2　从理论角度来看，可信验证方法(5.1.10)对任意的鞍点线性方程组(2.2.1)都适用。然而，实际情况却并非如此。请看下文。

注意到，可信验证方法(5.1.10)用到了量$\|(BB^{\mathrm{T}})^{-1}\|_\infty$，这对其实际应用推广是极为不利的。例如，对于下面的 Stokes 方程

$$\begin{cases} -v\Delta u \nabla p = \varphi \\ -\operatorname{div} u = 0,\text{在 } \Omega \text{ 内} \\ -\operatorname{div} u = 0,\text{在 } \partial\Omega \text{ 内} \\ \int_{\Omega} p = 0 \end{cases}$$

其中，$\Omega=(0, 1)\times(0, 1)$，$v>0$，$\varphi$ 是一个连续函数，在由其经混合有限元离散后生成的鞍点线性方程组(2.2.1)中，我们有$\|B\|_{\infty}=O(h)$和$\|BB^{\mathrm{T}}\|_{\infty}=O(h^2)$，其中 h 为离散网格步长。因此，对于很小的 h，$\|(BB^{\mathrm{T}})^{-1}\|_{\infty}$ 有可能很大。那么在此种情形下，可信验证方法式(5.1.10)给出的结果也就没有实用价值。再有就是，界估计(5.1.9)需要用到矩阵 A 和 BB^{T} 的数值近似逆 $\widetilde{A}^{-1}$ 和$\widetilde{(BB^{\mathrm{T}})}^{-1}$，这也限制了可信验证方法式(5.1.10)的广泛应用，这是因为矩阵 A 和 BB^{T} 的稀疏性及其数值近似逆 $\widetilde{A}^{-1}$ 和$\widetilde{(BB^{\mathrm{T}})}^{-1}$ 的不再稀疏性将导致我们无法利用计算机有效解决更大规模的鞍点线性方程组(2.2.1)的可信验证问题。

从相关文献的字里行间可以体会到，作者当初之所以用误差界式(5.1.8)去替代误差界式(5.1.7)，主要是出于矩阵无穷大范数的计算要比二范数的计算能减少计算量、节约计算时间考虑的，而并没有过多地考虑其他问题。然而以现在的理论水平和技术实力，我们完全可以直接基于误差界式(5.1.7)(即量$\|A^{-1}\|_2$ 和$\|(BB^{\mathrm{T}})^{-1}\|_2$)建立鞍点线性方程组(2.2.1)的可信验证方法，并用计算机实现之。具体做法如下。

首先，由矩阵 A 和$(BB^{\mathrm{T}})^{-1}$ 的实对称正定性可得

$$\|A^{-1}\|_2=\frac{1}{\lambda_{\min}(A)},\quad \|(BB^{\mathrm{T}})^{-1}\|_2=\frac{1}{\lambda_{\min}(BB^{\mathrm{T}})}$$

其中，$\lambda_{\min}(\cdot)$ 表示实对称正定矩阵 A 和 BB^{T} 的最小特征值。

其次，如果还存在正实数α，β分别使得矩阵$A-\alpha I_n$ 和$BB^{\mathrm{T}}-\beta I_m$ 亦是实对称正定矩阵，则有 $\lambda_{\min}(A)>\alpha>0$ 和 $\lambda_{\min}(BB^{\mathrm{T}})>\beta>0$。

综上，我们有

$$\|A^{-1}\|_2=\frac{1}{\lambda_{\min}(A)}<\frac{1}{\alpha},\quad \|(BB^{\mathrm{T}})^{-1}\|_2=\frac{1}{\lambda_{\min}(BB^{\mathrm{T}})}<\frac{1}{\beta} \tag{5.1.11}$$

最后，由误差界(5.1.8)中的倒数第二个不等式和界估计(5.1.11)可建立如下的可信验证方法。

$$
\begin{cases}
\|\hat{u}-\tilde{u}\|_2 \leqslant \dfrac{2}{\sqrt{5}-1}\max\{\|A^{-1}\|_2,\ \|A\|_\infty\|(BB^{\mathrm{T}})^{-1}\|_2\}\|b-H\tilde{u}\|_2 \\
\|A^{-1}\|_2 \leqslant \dfrac{1}{\lambda_{\min}(A)} < \dfrac{1}{\alpha},\ \text{若 } A-\alpha I_n \text{ 对称正定} \\
\|(BB^{\mathrm{T}})^{-1}\|_2 = \dfrac{1}{\lambda_{\min}(BB^{\mathrm{T}})} < \dfrac{1}{\beta},\ \text{若 } \widetilde{BB}^{\mathrm{T}}-\beta I_m \text{ 对称正定，} \\
\alpha > 0,\ \beta > 0
\end{cases}
\tag{5.1.12}
$$

注 5.1.3

(1) 从误差界式(5.1.8)中的不等关系可以看出，可信验证方法式(5.1.12)中的误差界小于等于可信验证方法式(5.1.10)中的误差界。

(2) 在实际应用时，为了确保可信验证的顺利实现和效果，可信验证方法式(5.1.12)中的正实数 α 和 β 一般要分别选取为 $\alpha=0.9\tilde{\lambda}_{\min}(A)$ 或 $0.95\tilde{\lambda}_{\min}(A)$，$\beta=0.9\tilde{\lambda}_{\min}(BB^{\mathrm{T}})$ 或 $0.95\tilde{\lambda}_{\min}(BB^{\mathrm{T}})$，其中 $\tilde{\lambda}_{\min}(\cdot)$ 表示实对称正定矩阵 A 和 BB^{T} 的最小特征值的数值近似，可采用反幂法求之。由于矩阵 A 和 BB^{T} 的对称正定性和当今计算矩阵极大极小特征值技术的先进性，所以上述的解决方案是可行的。实对称矩阵 $A-\alpha I_n$ 和 $BB^{\mathrm{T}}-\beta I_m$ 的正定性判断则由 INTLAB 函数 isspd 来完成。详情见算法 5.3.2。

可信验证方法式(5.1.10)和式(5.1.12)的具体计算机算法实现程序将在 5.3 节介绍。下面，利用鞍点矩阵的特有结构和特殊性质以及矩阵基本理论，我们来给出界估计式(5.1.6)的另一种证明方法，新方法更简单明了。

5.2　一种新证明方法

首先，我们来给出一个有用的引理。

引理 5.2.1　已知矩阵 $A\in\mathbf{R}^{n\times m}$，若 A 为实对称正定矩阵，则存在唯一

的矩阵 $X \in \mathbf{R}^{n\times n}$ 使得 $X^2 = A$，且矩阵 X 亦是实对称正定矩阵。进而，我们把矩阵 X 记为 $A^{-\frac{1}{2}}$，即有 $X = A^{-\frac{1}{2}}$。

证明 根据矩阵 A 的实对称正定性，可得

$$A = Q^{\mathrm{T}} \begin{pmatrix} \lambda_1 & & & \\ & \lambda_2 & & \\ & & \ddots & \\ & & & \lambda_n \end{pmatrix} Q \tag{5.2.1}$$

其中，$Q \in \mathbf{R}^{n\times m}$ 为正交矩阵，即有 $Q^{\mathrm{T}}Q = QQ^{\mathrm{T}} = I_n$，$\lambda_i > 0$，$i = 1, 2, \cdots, n$ 为矩阵 A 的特征值。

进而，表达式(5.2.1) 又可写为

$$A = Q^{\mathrm{T}} \begin{pmatrix} \sqrt{\lambda_1} & & & \\ & \sqrt{\lambda_2} & & \\ & & \ddots & \\ & & & \sqrt{\lambda_n} \end{pmatrix} QQ^{\mathrm{T}} \begin{pmatrix} \sqrt{\lambda_1} & & & \\ & \sqrt{\lambda_2} & & \\ & & \ddots & \\ & & & \sqrt{\lambda_n} \end{pmatrix} Q$$

若记

$$X := Q^{\mathrm{T}} \begin{pmatrix} \sqrt{\lambda_1} & & & \\ & \sqrt{\lambda_2} & & \\ & & \ddots & \\ & & & \sqrt{\lambda_n} \end{pmatrix} Q$$

则有 $A = X^2$。

又因为

$$X^{\mathrm{T}} = \left(Q^{\mathrm{T}} \begin{pmatrix} \sqrt{\lambda_1} & & & \\ & \sqrt{\lambda_2} & & \\ & & \ddots & \\ & & & \sqrt{\lambda_n} \end{pmatrix} Q \right)^{\mathrm{T}} = Q^{\mathrm{T}} \begin{pmatrix} \sqrt{\lambda_1} & & & \\ & \sqrt{\lambda_2} & & \\ & & \ddots & \\ & & & \sqrt{\lambda_n} \end{pmatrix} Q = X$$

且 $\sqrt{\lambda_i} > 0$，$i = 1, 2, \cdots, n$，所以矩阵 X 为实对称正定矩阵。

又设 $A = Y^2$，且矩阵 $Y \in \mathbf{R}^{n\times n}$ 亦为实对称正定矩阵，则有 $X^2 = Y^2$，即

$(X-Y)(X+Y)=0$。因为矩阵 $X+Y$ 的实对称正定性易知，所以有 $X-Y=0$，即 $Y=X$。

下面，我们来给出界估计式(5.1.6)的另一种证明方法。

定理 5.2.1　若矩阵 $H\in\mathbf{R}^{(m+n)\times(m+n)}$ 为鞍点线性方程组(2.2.1)的系数矩阵，即为鞍点矩阵，则不等关系式(5.1.6)成立。

证明 由 $A\in\mathbf{R}^{n\times n}$ 的实对称正定性和 $B\in\mathbf{R}^{m\times n}$ 的行满秩性，易知 A^{-1} 和 $BA^{-1}B^{\mathrm{T}}$ 均为实对称正定矩阵，进而 $(BA^{-1}B^{\mathrm{T}})^{-1}$ 亦是实对称正定矩阵。

借助引理 5.2.1 中实对称正定矩阵的相关表示形式，经简单的矩阵运算后，可得矩阵 H^{-1} 的如下表示形式：

$$
\begin{aligned}
H^{-1}&=\begin{pmatrix} A^{-1}-A^{-1}B^{\mathrm{T}}(BA^{-1}B^{\mathrm{T}})^{-1}BA^{-1} & A^{-1}B^{\mathrm{T}}(BA^{-1}B^{\mathrm{T}})^{-1} \\ (BA^{-1}B^{\mathrm{T}})^{-1}BA^{-1} & -(BA^{-1}B^{\mathrm{T}})^{-1} \end{pmatrix}\\
&=\begin{pmatrix} A^{\frac{1}{2}} & 0 \\ 0 & (BA^{-1}B^{\mathrm{T}})^{-\frac{1}{2}} \end{pmatrix} M \begin{pmatrix} A^{-\frac{1}{2}} & 0 \\ 0 & (BA^{-1}B^{\mathrm{T}})^{-\frac{1}{2}} \end{pmatrix}
\end{aligned}
$$

其中

$$
M=\begin{pmatrix} I_n-A^{-\frac{1}{2}}B^{\mathrm{T}}(BA^{-1}B^{\mathrm{T}})^{-1}BA^{-\frac{1}{2}} & A^{-\frac{1}{2}}B^{\mathrm{T}}(BA^{-1}B^{\mathrm{T}})^{-\frac{1}{2}} \\ (BA^{-1}B^{\mathrm{T}})^{-\frac{1}{2}}BA^{-\frac{1}{2}} & -I_m \end{pmatrix}
$$

因为

$$
M^2=\begin{pmatrix} I_n & -A^{-\frac{1}{2}}B^{\mathrm{T}}(BA^{-1}B^{\mathrm{T}})^{-\frac{1}{2}} \\ (BA^{-1}B^{\mathrm{T}})^{-\frac{1}{2}}BA^{-\frac{1}{2}} & 2I_m \end{pmatrix}
$$

所以

$$
I-M^2=\begin{pmatrix} 0 & A^{\frac{1}{2}}B^{\mathrm{T}}(BA^{-1}B^{\mathrm{T}})^{-\frac{1}{2}} \\ (BA^{-1}B^{\mathrm{T}})^{-\frac{1}{2}}BA^{-\frac{1}{2}} & -I_m \end{pmatrix}
$$

再经简单的矩阵运算后，又可得

$$
(I-M^2)^2=\begin{pmatrix} A^{-\frac{1}{2}}B^{\mathrm{T}}(BA^{-1}B^{\mathrm{T}})^{-\frac{1}{2}}BA^{-\frac{1}{2}} & -A^{-\frac{1}{2}}B^{\mathrm{T}}(BA^{-1}B^{\mathrm{T}})^{-\frac{1}{2}} \\ -(BA^{-1}B^{\mathrm{T}})^{-\frac{1}{2}}BA^{-\frac{1}{2}} & 2I_m \end{pmatrix}=I-M
$$

化简整理得

$$
M(M-I)(M^2+M-I)=0 \tag{5.2.2}
$$

进而，由矩阵等式(5.2.2)知，矩阵 M 最多有四个不同的特征值，即

$$0，1，\frac{-1+\sqrt{5}}{2}，\frac{-1-\sqrt{5}}{2}$$

另外，若矩阵 M 非奇异，则其最多就只有三个不同的特征值，即

$$1，\frac{-1+\sqrt{5}}{2}，\frac{-1-\sqrt{5}}{2}$$

又因为 M 的对称性，所以

$$\|M\|_2=\frac{\sqrt{5}+1}{2}=\frac{2}{\sqrt{5}-1}$$

综上可得

$$\begin{aligned}
\|H^{-1}\|_2&=\left\|\begin{pmatrix}A^{-\frac{1}{2}} & 0\\ 0 & (BA^{-1}B^{\mathrm{T}})^{-\frac{1}{2}}\end{pmatrix}M\begin{pmatrix}A^{-\frac{1}{2}} & 0\\ 0 & (BA^{-1}B^{\mathrm{T}})^{-\frac{1}{2}}\end{pmatrix}\right\|_2\\
&\leqslant\frac{2}{\sqrt{5}-1}\left\|\begin{pmatrix}A^{\frac{1}{2}} & 0\\ 0 & (BA^{-1}B^{\mathrm{T}})^{-\frac{1}{2}}\end{pmatrix}\right\|_2^2\\
&=\frac{2}{\sqrt{5}-1}\left\|\begin{pmatrix}A^{-1} & 0\\ 0 & (BA^{-1}B^{\mathrm{T}})^{-1}\end{pmatrix}\right\|_2\\
&\leqslant\frac{2}{\sqrt{5}-1}\max\{\|A^{-1}\|_2，\|(BA^{-1}B^{\mathrm{T}})^{-1}\|_2\}\\
&\leqslant\frac{2}{\sqrt{5}-1}\max\{\|A^{-1}\|_2，\|A\|_2\|(BB^{\mathrm{T}})^{-1}\|_2\}
\end{aligned}$$

其中最后一个不等式由如下结论

$$\begin{aligned}
\lambda_{\min}=(BA^{-1}B^{\mathrm{T}})&=\min_{0\neq y\in\mathbf{R}^m}\frac{(A^{-1}B^{\mathrm{T}}y)}{(B^{\mathrm{T}}y，B^{\mathrm{T}}y)}\frac{(BB^{\mathrm{T}}y，y)}{(y，y)}\\
&\geqslant\lambda_{\min}(A^{-1})\lambda_{\min}(BB^{\mathrm{T}})
\end{aligned}$$

得到。

5.3 可信验证算法

在本节，我们首先介绍了可信验证方法式(5.1.10)的具体计算机算法实

现程序，即算法 5.3.1，然后又给出了可信验证方法式(5.1.12)的具体计算机算法实现程序，即算法 5.3.2。

算法 5.3.1 和算法 5.3.2 都是利用 INTLAB/Matlab 语言编写而成的。

算法 5.3.1

输入：鞍点线性方程组(2.2.1)及其满足一定精度的数值解 $\tilde{u} = (\tilde{x}^{\mathrm{T}}, \tilde{y}^{\mathrm{T}})^{\mathrm{T}}$。

输出：包含方程组(2.2.1)解的宽度满足实际需求的区间向量 u_{out}。

(1) 借助 INTLAB 命令 intval 生成包含矩阵 A，B 和向量 c，d 的区间矩阵 $\boldsymbol{A}$，$\boldsymbol{B}$ 和区间向量 $\boldsymbol{c}$，$\boldsymbol{d}$。

(注意，本步骤中的所有操作都要在输入方程组(2.2.1)的信息时同步完成。)

(2) 使用 INTLAB 命令语句 $\boldsymbol{C} = \boldsymbol{BB}'$ 生成包含矩阵 BB^{T} 的区间矩阵，即 $BB^{\mathrm{T}} \in \boldsymbol{C}$。

(3) 根据界估计式(5.1.9)计算量 $\|A^{-1}\|_\infty$ 和 $\|(BB^{\mathrm{T}})^{-1}\|_\infty$ 的数值上界 a_2 和 a_3。

① 若 mag(norm((inv(A)$\boldsymbol{A}$ − eye(n)), Inf) < 1，且

mag(norm((inv(BB^{T})$\boldsymbol{C}$ − $eye(m)$), Inf)) < 1，

则 a_2 = mag(norm((inv(A), Inf)/(1 − norm((inv(A)$\boldsymbol{A}$ − eye(n)), Inf)))，

a_3 = mag(norm((inv(BB^{T}), Inf)/(1 − norm((inv(BB^{T})$\boldsymbol{C}$ − eye(n)), Inf)))。

② 否则，验证失败。

(4) 分别使用 INTLAB/Matlab 命令语句 kup = mag(2/(sqrt(intval(5)) − 1))，Aup = mag(norm(A, Inf)) 和 rup = mag(norm([($\boldsymbol{c} - \boldsymbol{A}\tilde{x} - \boldsymbol{B}'\tilde{y}$)′, ($\boldsymbol{d} - \boldsymbol{B}\tilde{x}$)′], 2)) 计算量 $\frac{2}{\sqrt{5}-1}$，$\|A\|_\infty$ 和 $\|b - H\tilde{u}\|_2$ 的数值上界 α_1，α_4 和 α_5，即有 a_1 = kup，α_4 = Aup 和 α_5 = rup。

(5) 在舍入模式 setround(1) 下，首先计算量 $\beta := \alpha_3\alpha_4$ 的数值上界 $\hat{\beta}$，即有 $\beta \leqslant \hat{\beta}$。然后再计算量 $\gamma := \alpha_1 \max\{\alpha_2, \hat{\beta}\}\alpha_5$ 的数值上界 $\hat{\gamma}$，即有 $\gamma \leqslant \hat{\gamma}$。

(6) 分别在舍入模式 setround(−1)、setround(1) 下计算 $[\bar{u} - \hat{\gamma}, \bar{u} + \hat{\gamma}] \in \mathbf{IR}^{m+n}$ 的数值下、上端点 fldown($\bar{u} - \hat{\gamma}$) 和 flup($\bar{u} + \hat{\gamma}$)，即有

$$[\bar{u} - \hat{\gamma}, \bar{u} + \hat{\gamma}] \subseteq [\text{fldown}(\bar{u} - \hat{\gamma}), \text{flup}(\bar{u} + \hat{\gamma})] =: u_{\text{out}}。$$

(7) 输出区间向量 u_{out}

算法 5.3.2

输入： 鞍点线性方程组(2.2.1)及其满足一定精度的数值解 $\bar{u}=(\tilde{x}^{\mathrm{T}},\ \tilde{y}^{\mathrm{T}})^{\mathrm{T}}$。

输出： 包含方程组(2.2.1)解的宽度满足实际需求的区间向量 u_{out}。

(1) 借助INTLAB命令intval生成包含矩阵 A，B 和向量 c，d 的区间矩阵 $\boldsymbol{A}$，$\boldsymbol{B}$ 和区间向量 $\boldsymbol{c}$，$\boldsymbol{d}$。

(注意，本步骤中的所有操作都要在输入方程组(2.2.1)的信息时同步完成。)

(2) 应用相关的数值算法(比如反幂迭代法)分别计算出矩阵 A，BB^{T} 最小特征值的数值近似 $\tilde{\lambda}_{\min}(A)$ 和 $\tilde{\lambda}_{\min}(BB^{\mathrm{T}})$。

(3) 使用INTLAB命令语句 $\boldsymbol{C}=\boldsymbol{BB}'$ 生成包含 BB^{T} 的区间矩阵，即有 $BB^{\mathrm{T}}\in\boldsymbol{C}$。

(4) 使用INTLAB函数 isspd 检验区间矩阵 $\boldsymbol{A}-k_1\bar{\lambda}_{\min}(A)$ 和 $\boldsymbol{C}-k_2\bar{\lambda}_{\min}(BB^{\mathrm{T}})$ 的正定性。

① 对于选定的系数(比如 $k_1=0.95$，$k_2=0.95$)，如果以上两区间矩阵的正定性被验证成功，则继续下面的步骤。

② 如果以上两区间矩阵的正定性验证没有成功，则需要通过调整系数 k_1，k_2 的取值(比如 $k_1=0.9$，$k_2=0.9$)再次进行正定性检验，直至验证成功。

(5) 分别使用INTLAB/Matlab命令语句 kup = mag(2/(sqrt(int val(5))−1))，Aup = mag(norm($\boldsymbol{A}$，Inf))和 rup = mag(norm([($\boldsymbol{c}-\boldsymbol{A}\tilde{x}-\boldsymbol{B}'\tilde{y}$)]′，($\boldsymbol{d}-\boldsymbol{B}\tilde{x}$)′]，2))计算量 $\dfrac{2}{\sqrt{5}-1}$，$\|A\|_{\infty}$ 和 $\|b-H\bar{u}\|_2$ 的数值上界 α_1，α_2 和 α_3，即有 $\alpha_1=$ kup，$\alpha_2=$ Aup 和 $\alpha_3=$ rup。

(6) 在舍入模式 setround(1) 下，首先计算量

$$\alpha_4:=\frac{1}{k_1\bar{\lambda}_{\min}(A)},\quad \alpha_5:=\frac{1}{k_2\bar{\lambda}_{\min}(BB^{\mathrm{T}})}$$

的数值上界 $\hat{\alpha}_4$ 和 $\hat{\alpha}_5$，即有 $\alpha_4\leqslant\hat{\alpha}_4$，$\alpha_5\leqslant\hat{\alpha}_5$。然后再计算 $\beta_1:=\alpha_2\hat{\alpha}_5$ 的数值上界 $\hat{\beta}_1$，即有 $\beta_1\leqslant\hat{\beta}_1$。最后再计算量 $\gamma:=\alpha_1\max\{\hat{\alpha}_4,\ \hat{\beta}_1\}\alpha_3$ 的数值上界 $\hat{\gamma}$，即有 $\gamma\leqslant\hat{\gamma}$。

(7) 分别在舍入模式 setround(−1)、setround(1) 下计算 $[\tilde{u}-\hat{\gamma},\ \tilde{u}+\hat{\gamma}]\in\mathbf{IR}^{m+n}$ 的数值下、上端点 fldown($\tilde{u}-\hat{\gamma}$) 和 flup($\tilde{u}+\hat{\gamma}$)，即有

$[\tilde{u}-\hat{\gamma},\ \tilde{u}+\hat{\gamma}]\subseteq[\text{fldown}\tilde{u}-\hat{\gamma},\ \text{flup}\tilde{u}+\hat{\gamma}]=:u_{\text{out}}$

(8) 输出区间向量 u_{out}。

在 5.1 节中，我们从理论层面［即误差界式(5.1.8)中的不等关系］对可信验证方法式(5.1.12)和可信验证方法式(5.1.10)作了比较。下面(即 5.4 节)，我们再从实践角度对可信验证方法式(5.1.12)和可信验证方法式(5.1.10)作一下对比。

5.4　数值实验与结果

在本小节我们通过几个具有代表性的数值例子，分别从误差界 $\|\tilde{u}_1-\tilde{u}_2\|_2\leqslant\gamma^2$ 和 CPU 运算时间两方面对算法 5.3.1 和算法 5.3.2 进行了比较。所有数值结果均表明，改进后的可信验证方法(5.1.12)不仅耗费的计算时间比原可信验证方法(5.1.10)的少，而且给出的解的误差界也比可信验证方法(5.1.10)的小。另外，有关数值结果还表明，可信验证方法(5.1.12)对于更大维数的鞍点线性方程组(2.2.1)仍然有效，所以可信验证方法(5.1.12)的适用范围要比可信验证方法(5.1.10)的广泛。

本节的所有数值实验均是在装有 Windows 7 操作系统的联想笔记本电脑(1.70GHz Intel(R)Core(TM)i5-3317U processor，4GB of memory)上使用 Matlab R2011a 和 INTLAB V6 软件完成的。

为了方便陈述，我们首先引入以下三个符号：

$$\operatorname{tridiag}(\gamma_-,\gamma,\gamma_+):=\begin{pmatrix}\gamma & \gamma_+ & & & \\ \gamma_- & \gamma & \gamma_+ & & \\ & \ddots & \ddots & \ddots & \\ & & \gamma_- & \gamma & \gamma_+ \\ & & & \gamma_- & \gamma\end{pmatrix}$$

$$\operatorname{Tridiag}(Y_-,Y,Y_+):=\begin{pmatrix}Y & Y_+ & & & \\ Y_- & Y & Y_+ & & \\ & \ddots & \ddots & \ddots & \\ & & Y_- & Y & Y_+ \\ & & & Y_- & Y\end{pmatrix}$$

$$\mathrm{Diag}(Y):=\begin{pmatrix} Y & & \\ & \ddots & \\ & & Y \end{pmatrix}$$

其中，γ，γ_+，$\gamma_- \in \mathbf{R}$，Y，Y_+，Y_- 为同阶方矩阵。

例 5.4.1　考虑由线性化的Navier-Stokes方程[115-116]经有限元法离散后生成的鞍点线性方程组(2.2.1)，此时鞍点矩阵 H 中的子块矩阵 A，B 分别为

$$A=\begin{pmatrix} I_p \otimes G + G \otimes I_p & 0 \\ 0 & I_p \otimes G + G \otimes I_p \end{pmatrix} \in \mathbf{R}^{2p^2 \times 2p^2},$$

$$B=\begin{pmatrix} I_p \otimes F \\ F \otimes I_p \end{pmatrix} \in \mathbf{R}^{p^2 \times p^2}$$

其中，$\otimes$ 表示克罗内克(Kronecker)积[119]，矩阵 G 和 F 是由如下规则(5.4.1)定义的三对角矩阵，p 的取值为正整数。

$$G:=\frac{1}{h^2}\mathrm{tridiag}(-1, 2, -1) \in \mathbf{R}^{p \times p}$$
$$F:=\frac{1}{h}\mathrm{tridiag}(-1, 1, 0) \in \mathbf{R}^{p \times p} \tag{5.4.1}$$

其中，$h=1/(p+1)$ 为离散网格步长；右端项为 $b=He$。

表 5.1　**例** 5.4.3 **的数值实验结果**

维数			误差 $\\|\hat{u}-\tilde{u}\\|_2$ 的数值上界		CPU 运行时间 /s	
p	m	n	算法 5.3.1	算法 5.3.2	算法 5.3.1	算法 5.3.2
16	256	512	$3.999\,0 \times 10^{-9}$	$3.064\,8 \times 10^{-9}$	0.148 0	0.085 6
24	576	1 152	$2.896\,6 \times 10^{-8}$	$2.216\,3 \times 10^{-8}$	1.230 1	0.598 8
32	1 024	2 048	$1.254\,6 \times 10^{-7}$	$9.593\,6 \times 10^{-8}$	6.420 4	2.338 3
40	1 600	3 200	$4.057\,4 \times 10^{-7}$	$3.101\,7 \times 10^{-7}$	22.583 5	5.420 1
48	2 304	4 608	MO	$1.005\,6 \times 10^{-6}$	MO	7.041 7

例 5.4.2 (**文献**[117]) 本例题我们来考虑一个系数矩阵具有鞍点结构的纯代数线性方程组(2.2.1)，此时鞍点矩阵 H 中的子块矩阵 A 和 B 分别按照规则

$$A_{ij}=\begin{cases}i+1, & i=j\\1, & |i-j|=1\\0, & \text{其他}\end{cases} \text{和 } B_{st}=\begin{cases}s, & t=s+n-m\\0, & \text{其他}\end{cases}$$

生成，其中 A_{ij} 和 B_{st} 分别表示矩阵 A 和 B 的元素，i，$j=1$，2，…，n，s，$t=1$，2，…，m；右端项为 $b=He$。

表 5.2　例 5.4.2 的数值实验结果

维数		误差 $\|\hat{u}-\tilde{u}\|_2$ 的数值上界		CPU 运行时间 /s	
m	n	算法 5.3.1	算法 5.3.2	算法 5.3.1	算法 5.3.2
10	1 000	6.0673×10^{-9}	4.6732×10^{-9}	0.690 0	0.487 8
10	3 000	6.8422×10^{-8}	6.1580×10^{-8}	14.511 1	6.811 4
100	1 000	4.6179×10^{-9}	4.1562×10^{-9}	0.708 5	0.586 9
100	3 000	$6.8466e\times10^{-8}$	6.1619×10^{-8}	15.281 3	6.864 3

例 5.4.3 考虑由二阶偏微分方程边值问题[118]离散后生成的鞍点线性方程组(2.2.1)，此时鞍点矩阵 H 中的子块矩阵 A，B，分别为

$$A=\begin{pmatrix}A_{1,1} & 0\\0 & A_{2,2}\end{pmatrix}\in\mathbf{R}^{2p^2\times2p^2}, \quad B=\begin{pmatrix}A_{1,3}\\A_{2,3}\end{pmatrix}\in\mathbf{R}^{p^2\times2p^2}$$

其中

$$A_{1,1}:=\mathrm{Tridiag}(-\delta I_p,\ \delta T_p,\ -\delta I_p)\in\mathbf{R}^{p^2\times p^2}$$

$$A_{2,2}:=\mathrm{Tridiag}(-\delta I_p,\ \delta T_p,\ -\delta I_p)\in\mathbf{R}^{p^2\times p^2}$$

$$A_{1,3}:=\mathrm{Diag}(S_p)\in\mathbf{R}^{p^2\times p^2}$$

$$A_{2,3}:=\mathrm{Tridiag}(I_p,\ 0,\ -I_p)\in\mathbf{R}^{p^2\times p^2}$$

而三对角矩阵 T_p 和 S_p 为

$$T_p:=\mathrm{tridiag}(-\delta,\ 4\delta,\ -\delta)\in\mathbf{R}^{p^2\times p^2}$$

$$S_p:=\frac{h}{2}\mathrm{tridiag}(1,\ 0,\ -1)\in\mathbf{R}^{p^2\times p^2}$$

$h=1/(p+1)$ 为离散网格步长，$\delta>0$；右端项为 $b=He$。

表 5.3　例 5.4.3 的数值实验结果

维数			误差 $\Vert\hat{u}-\tilde{u}\Vert_2$ 的数值上界		CPU 运行时间 /s	
p	m	n	算法 5.3.1	算法 5.3.2	算法 5.3.1	算法 5.3.2
16	256	512	4.0886×10^{-9}	3.1599×10^{-9}	0.153 4	0.094 9
24	576	1 152	2.9234×10^{-8}	2.2455×10^{-8}	1.237 7	0.598 4
32	1 024	2 048	1.2988×10^{-7}	9.5936×10^{-8}	6.568 1	2.313 4
40	1 600	3 200	3.8529×10^{-7}	2.9496×10^{-7}	21.055 8	6.014 0
48	2 304	4 608	MO	1.0078×10^{-6}	MO	7.058 7

注 5.4.1

(1) 在表 5.1 和表 5.3 中，符号 MO 的含义是因参与运算的数据量超过计算机 CPU 的存储内存而导致验证失败。

(2) 从表 5.1、表 5.2 和表 5.3 中可以看出，验证算法 5.3.2 不仅耗费的计算时间比验证算法 5.3.1 的少，而且计算出的解的误差界也比验证算法 5.3.1 的小。另外，有关数值结果还表明(即表 5.1 和表 5.3 中最后一行的实验结果)，验证算法 5.3.2 对于更大维数的鞍点线性方程组(2.2.1) 仍然有效，所以验证算法 5.3.2 的适用范围要比验证算法 5.3.1 的广泛。

(3) 对于例 5.4.1 和例 5.4.3 而言，验证所需的区间矩阵 $\boldsymbol{A}$ 和 $\boldsymbol{B}$ 可通过 INTLAB 命令 $h=\text{intval}(1)/(p+1)$ 按照矩阵 A 和 B 的既定构成规则来生成。而对于例 5.4.2 来讲，由于矩阵 A 和 B 的元素均为整数，故其验证所需的区间矩阵 $\boldsymbol{A}$ 和 $\boldsymbol{B}$ 可分别由 INTLAB 命令 $\boldsymbol{A}=\text{intval}(A)$ 和 $\boldsymbol{B}=\text{intval}(B)$ 直接生成。

第 6 章　序凸函数型非线性方程组的可信验证方法

在核磁共振仪的设计、火箭喷口受力分析和机床数控系统等科学相关领域中，许多问题都可以归结为一般的含有 n 个未知量 n 个方程的非线性方程组

$$f(x)=0$$

解的可信验证问题，其中 $f:\mathbf{R}^n\rightarrow\mathbf{R}^n$，$f=(f_1,f_2,\cdots,f_n)^{\mathrm{T}}$，$f_1,f_2,\cdots,f_n$ 为 n 元非线性函数。

而随着计算机技术[120]的不断发展完善，计算机作为高效的运算工具承担着越来越重要的位置，越来越多的数学证明问题可以利用计算机来辅助完成。非线性方程性质较为复杂，目前多数非线性方程已经能利用有效的求解方法求得精确解[121]。常见的数值计算方法通常可以获得无限接近于精确解的近似解(也称为数值解)。然而，实际问题中有很多复杂的限制，往往导致不能很好地判断得到的近似解与精确解之间存在的误差大小。

可信验证方法和相关理论的提出，使得利用计算机和浮点运算可以很好地解决一些数学问题，为其提供精确解。不仅如此，这种方法还能够应用于一些难以用数值方法解决的问题，具有非常重要的实际意义。例如，一个长期困扰着动力系统学者的实际问题——证明洛伦兹力的存在[2]，被SteveSmale收录其中，以及开普勒猜想[122]的证明问题。因此，其相关理论的发展得到了科学家和工程师们的广泛关注。该方法及其理论已被广泛应用于光电子物理、土木工程[123]、控制电路设计[2]和其他领域。

作为计算数学的重要部分，非线性方程组的可信验证在实际问题中得以广泛应用，比如，核磁共振仪的设计[124]、火箭喷口受力分析、机床数控系统

等工程和科学相关领域。所以，进一步发展和完善非线性方程组的可信验证方法是非常有必要的。

本章主要研究序凸函数型非线性方程组的可信验证方法及其具体的算法程序的实现。

6.1 序区间算子可信验证法

本节针对一类具有特殊性质的非线性方程组即序凸非线性方程组进行研究，对这类方程组的特有属性进行分析并加以证明，利用 Brouwer 不动点定理[98] 特殊性质构造适合的区间算子，通过研究此区间算子的性质，设计了切实可行的可信验证算法。下面对序凸非线性方程组进行简要介绍。

6.1.1 序凸函数型非线性方程组

由第2章定义2.2.4可知，区间可以比较大小，由此可以推断向量也具有此性质，定义如下。

定义 6.1.1 对于任意给定的两区间向量 $\boldsymbol{x}=(x_1, x_2, \cdots, x_n)^{\mathrm{T}}$，$\boldsymbol{y}=(y_1, y_2, \cdots, y_n)^{\mathrm{T}} \in \mathbf{IR}^n$，若有

$$x_i \leqslant y_i$$

成立，则称 $\boldsymbol{x} \leqslant \boldsymbol{y}$。其中 $x_i, y_i \in \mathbf{IR}$，$i=1, 2, \cdots, n$。

特别的，若 $y_i \geqslant 0$，$i=1, 2, \cdots, n$，则称向量 $\boldsymbol{y}$ 为非负向量，记作 $\boldsymbol{y} \geqslant 0$。

对任意给定矩阵 $\boldsymbol{A}=\begin{pmatrix} a_{11} & a_{12} & \cdots & a_{1n} \\ a_{21} & a_{22} & \cdots & a_{2n} \\ \vdots & \vdots & \ddots & \vdots \\ a_{n1} & a_{n2} & \cdots & a_{nn} \end{pmatrix}$，$\boldsymbol{B}=\begin{pmatrix} b_{11} & b_{12} & \cdots & b_{1n} \\ b_{21} & b_{22} & \cdots & b_{2n} \\ \vdots & \vdots & \ddots & \vdots \\ b_{n1} & b_{n2} & \cdots & b_{nn} \end{pmatrix} \in \mathbf{IR}^{n\times n}$，若有

$$a_{ij} \leqslant b_{ij}$$

成立，其中 $i=1, 2, \cdots, n$，则称矩阵 $\boldsymbol{A}$ 小于矩阵 $\boldsymbol{B}$，记作 $\boldsymbol{A} \leqslant \boldsymbol{B}$，或称 $\boldsymbol{A}$ 和

$\boldsymbol{B}$ 是可比较的。

特别的，若 $b_{ij} \geqslant 0$，i，$j=1$，2，…，n，则称矩阵 $\boldsymbol{B}$ 为非负矩阵，记作 $\boldsymbol{B} \geqslant 0$。

现将 $\boldsymbol{x}=[\underline{x}, \overline{x}]=\{u \mid \underline{x} \leqslant u \leqslant \overline{x}, \overline{x}, \underline{x} \in \mathbf{R}^n\}$ 表示为 $\mathbf{IR}^n$ 中的一个序区间向量。

定义 6.1.2　将

$$\mathrm{wid}(\boldsymbol{x})=\overline{x}-\underline{x}$$

称为序区间向量的宽度。

通过此种方法定义的序区间向量的宽度具有如下性质。

(1) $\mathrm{wid}(\lambda \boldsymbol{x})=\lambda\,\mathrm{wid}(\boldsymbol{x})$，$\lambda \in \mathbf{R}$，$\lambda \geqslant 0$；

(2) $\mathrm{wid}(x+\boldsymbol{x})=\mathrm{wid}(\boldsymbol{x})$，$x \in \mathbf{R}^n$；

(3) $\mathrm{wid}\left(\sum_{j=1}^{m} \boldsymbol{x}^{(j)}\right)=\sum_{j=1}^{m} \mathrm{wid}(\boldsymbol{x}^{(j)})$；

(4) 设 x，y 为序区间向量，且 $x \subseteq y$，则 $\mathrm{wid}(x) \leqslant \mathrm{wid}(y)$。

定义 6.1.3　已知函数 f：$D \subseteq \mathbf{IR}^n \to \mathbf{IR}^n$，如果存在可逆矩阵 $P \in \mathbf{R}^{n \times n}$，使得

$$P(f(y)-f(x)) \leqslant y-x, \quad \forall x \leqslant y, x, y \in D$$

成立，则称函数 f 是 P 序压缩函数。区域 $D \subseteq \mathbf{IR}^n$ 上的 P 序压缩函数组成的集合记作 $\partial(P)$。

现在我们考虑对于函数 f：$D \subseteq \mathbf{IR}^n \to \mathbf{IR}^n$，如果存在可逆矩阵 P，$Q \in \mathbf{R}^{n \times n}$，且 $Q \leqslant I$，其中 I 为恒等矩阵。使得

$$P(f(y)-f(x)) \leqslant Q(y-x), \quad \forall x \leqslant y, x, y \in D$$

成立，则有 $f \in \partial(D)$，不难看出，函数 f 是也是一个 $Q^{-1}P$ 序压缩函数。

接下来给出序凸函数的定义。

定义 6.1.4　已知函数 f：$D \subseteq \mathbf{IR}^n \to \mathbf{IR}^n$ 可导，且 $f'(x)$ 非奇异，如果

$$f(y)-f(x) \leqslant f'(y)(y-x), \quad \forall x \leqslant y, x, y \in D$$

成立，则称函数 f 为 D 上的序凸函数。区域 $D \subseteq \mathbf{IR}^n$ 上的序凸函数类记为 $\partial_0(D)$。已知 f：$D \in \mathbf{R}^n \to \mathbf{R}^n$ 可导，且 $[f'(x)]^{-1} \geqslant 0$，$\forall x \in D$，若 $f \in \partial_0(D)$，则有 $f \in \partial(D)$。

定理 6.1.1　已知映射 $f: D \subseteq \mathbf{R}^n \to \mathbf{R}^n$ 二阶可导，如果 $\forall x \in D$，$f''_i(x) \in \mathbf{R}^{n\times n}$，$i=1, 2, \cdots, n$ 对称正定，那么则称函数 f 为 D 上的序凸函数，则有 $f \in \partial_0(D)$，其中 $f(x)=(f_1(x), f_2(x), \cdots, f_n(x))^{\mathrm{T}}$。

现在设 $f \in \partial(D)$，若定义

$$Nu = u - Pf(u), \ \forall u \in D$$

则 N 为 $D \subseteq \mathbf{R}^n \to \mathbf{R}^n$ 的一个函数，即 $N: D \subseteq \mathbf{R}^n \to \mathbf{R}^n$。

由于 $\forall u \in \boldsymbol{x} = [\underline{x}, \overline{x}] \subseteq D$，利用偏序概念可知

$$N\underline{x} = \underline{x} - Pf(\underline{x}) \leqslant Nu = u - Pf(u) \leqslant \overline{x} - Pf(\overline{x}) = \mathbf{N}\overline{x},$$

所以 $N(\boldsymbol{x}) = [N\underline{x}, N\overline{x}]$ 是一个序区间向量 $\boldsymbol{x}$ 到序区间向量 $[N\underline{x}, N\overline{x}]$ 上的一个映射。根据以上分析，我们定义一种序区间算子 N。

定义 6.1.5　已知函数 $f: D \subseteq \mathbf{R}^n \to \mathbf{R}^n$，且 $f \in \partial(D)$，若定义算子 N，当其作用于任意 $u \in D$，则有

$$Nu = u - Pf(u), \ \forall u \in \boldsymbol{x} = [\underline{x}, \overline{x}] \subseteq D$$

则映射

$$N(\boldsymbol{x}) - [N\underline{x}, N\overline{x}], \ \forall \boldsymbol{x} \in D$$

称为序区间向量 $\boldsymbol{x}$ 上的序区间算子。

通过探究发现序区间算子 N 具有以下性质。

定理 6.1.2　设 $f \in \partial(D)$，则

$$\{Nu \mid \forall u \in \boldsymbol{x}\} \subseteq N(\boldsymbol{x}), \ \forall \boldsymbol{x} \in D$$

成立。

证明 对于 $\forall u \in \boldsymbol{x} = [\underline{x}, \overline{x}] \subseteq D$，有

$$N\overline{x} - Nu = \overline{x} - u - P(f(\overline{x}) - f(u)) \geqslant 0$$

$$Nu - Nx = u - x - P(f(u)) - f(x) \geqslant 0$$

则有 $Nu \subseteq N(\boldsymbol{x})$ 成立。

定理 6.1.3　设 $f \in \partial(D)$，$\boldsymbol{x} \in D$，则 $x^* \in N\boldsymbol{x}$，其中 $x^* \in \boldsymbol{x}$，且 $f(x^*)=0$，则 $N(\boldsymbol{x})$ 包含方程组 $f(x)=0$ 在 $\boldsymbol{x}$ 上的所有解。

证明 设 x^* 是 $f(x)=0$ 的任一解，$x^* \in \boldsymbol{x}$，则有

$$x^* = x^* - pf(x^*) = N(x^*) \in N(\boldsymbol{x})$$

成立。

定理 6.1.4　设 $f \in \partial(D)$，且 f 在 D 上连续，$\boldsymbol{x} \in D$，如果 $N(\boldsymbol{x}) \subseteq \boldsymbol{x}$，则方程组 $f(x)=0$ 在 $\boldsymbol{x}$ 上一定有解。

证明 由于 f 在 D 上连续，则有

$$N\boldsymbol{x} = x - Pf(x),\ \forall x \in \boldsymbol{x}$$

连续，由 Brouwer 不动点原理可知算子 N 在 $\boldsymbol{x}$ 上存在不动点。结合矩阵 P 的非奇异性，可知 N 的不动点就是则方程组 $f(x)=0$ 的解。

定理 6.1.5　设 $f \in \partial(D)$，$\boldsymbol{x} \in D$，若 $\boldsymbol{x} \cap N(\boldsymbol{x}) = \varphi$，则方程组 $f(x)=0$ 在 $\boldsymbol{x}$ 上一定无解。

定理 6.1.6　设 $f \in \partial(D)$，$\boldsymbol{x} \in D$ 若 $N(\boldsymbol{x}) \subseteq \boldsymbol{x}$，则

$$N(N(\boldsymbol{x})) \subseteq N(\boldsymbol{x})$$

成立。

证明 由于 $N(\underline{x})$，$N\overline{x} \in N(\boldsymbol{x}) \subseteq \boldsymbol{x}$ 可得

$$N(N(\boldsymbol{x})) = [N(\underline{x}),\ N(N\overline{x})] \subseteq N(\boldsymbol{x})$$

成立。

6.1.2　序区间算子存在性定理

根据上述序区间算子 N 的性质，结合序凸函数的定义建立如下序区间算子存在性定理。

定理 6.1.7**(序区间算子存在性定理)**　已知函数 f：$D \subseteq \mathbf{R}^n \to \mathbf{R}^n$ 连续，且 $f \in \partial(D)$，若存在序区间向量 $\boldsymbol{x} \in D$，使

$$N(\boldsymbol{x}) \subseteq \boldsymbol{x}$$

成立，则方程组 $f(x)=0$ 在 x 上一定有解。即 $x^* \in \boldsymbol{x}$，使得 $f(x^*)=0$，其中 $N(\boldsymbol{x}) = [N\underline{x},\ N\overline{x}]$。

利用定理 6.1.1 的序区间算子建立的可信验证对于序凸函数来说是十分便利的。相比较于当前最主流的 Rump 可信验证方法来说，大大降低了运算成本。

6.2 数值实验

本节将应用 P 序压缩函数类的非线性方程组的可信验证方法解决具体数值实验的计算机实现，并与传统可信验证方法进行比对。

6.2.1 可信验证算法

在6.1节我们利用序区间算子构造了序区间算子存在性定理。本节建立其验证算法的INTLAB/Matlab程序算法，其中 $\tilde{x} \in \hat{x}$ 为方程组 $f(x)=0$ 在 $\boldsymbol{x}$ 上的近似解。

算法 6.2.1 中向量 xs 代表非线性方程组 $f(x)=0$ 数值解 $\tilde{x}$，它是按照一定精度上的精确解。算法中出现的矩阵 $\boldsymbol{R}$ 代表数值近似解的逆矩阵，即代表雅可比矩阵 $J_f(\tilde{x})$ 的数值近似逆 $J_f(\tilde{x})^{-1}$。

算法 6.2.1(序区间算子可信验证法)

```
functionXX = VerifySpeNonLinSys(f, xs)
XX = NaN; %initialization
X = intval(xs);
xl = inf(X);
xr = sup(X);
y = f(gradientinit(xr));
P = inv(y.dx);
setround(-1)
Nxl = xl - P * xl;
setround(1)
Nxr = xr - P * xr;
setround(0)
NX = infsup(Nxl, Nxr);
ifall(in(NX, X))
XX = X;
end
```

借助此算法可以有效验证具有 P 序压缩性质的函数解的存在区间。

对于得到非线性方程组非奇异解的包含区间向量问题，1983 年，Rump 为了使区间牛顿法更具有实用价值，提出了针对非线性方程组单根问题的可信验证方法如下。

定理 6.2.1(Rump 存在性定理)　已知函数 $f:D\subseteq \mathbf{R}^n\rightarrow\mathbf{R}^n$ 连续，若在区间向量 $\boldsymbol{x}\subseteq D$，使

$$K(\boldsymbol{x})\subseteq \boldsymbol{x}$$

成立，则方程组 $f(x)=0$ 在 $\boldsymbol{x}$ 上一定有解，即 $\exists x^*\in\boldsymbol{x}$，使得 $f(x^*)=0$。

式中

$$K(\boldsymbol{x})-\mathbf{R}f(\tilde{x})+(I_n-\mathbf{R}F'(\tilde{x}+\hat{x}))\hat{x}$$

$\tilde{x}\in\boldsymbol{x}$ 一般取为方程组 $f(x)=0$ 在 $\boldsymbol{x}$ 上的近似解。其中 $\mathbf{R}=[f'(\tilde{x}+\hat{x})]^{-1}$，$F'(\tilde{x}+\hat{x})]$ 为 $f(x)$ 的具包含单调性的区间扩展。

此验证算法的 INTLAB/Matlab 实现如下。

算法 6.2.2　Rump 存在性定理可信验证法

```
functionXX = VerifyNonLinSys(f, xs)
XX = NaN; %initialization
y = f(gradientinit(xs));
R = inv(y.dx); %approximateinverseofJ _ f(xs)
Y = f(gradientinit(intval(xs)));
Z = -R * Y.x; %inclusionof - R * f(xs)
X = Z; iter = 0;
Whileiter < 15
iter = iter + 1;
Y = hull(X * infsup(0.9, 1.1) + 1e - 20 * infsup(- 1, 1), 0);
YY = f(gradientinit(xs + Y)); %YY.dxinclusionofJ _ F(xs + f)
X = Z + (eye(n) - R * YY.dx) * Y; %intervaliteration
ifall(in0(X, Y)), XX = xs + X; return; end
end
```

算法 6.2.2 中向量 xs 代表非线性方程组 $f(x)=0$ 数值解 $\tilde{x}$，它是按照一

定精度的精确解。算法中出现的矩阵 R 代表数值近似解的逆矩阵，即代表雅可比矩阵 $J_f(\tilde{x})$ 的数值近似逆 $\tilde{J}_f(\tilde{x})^{-1}$。

6.2.2 数值例子

在本小节我们通过几个数值例子，分别从解的包含区间、最大相对误差 mrelerr(x) 和 CPU 运算时间几个方面对算法 6.2.1 和算法 6.2.2 进行比较，从而说明序区间算子可信验证法的优势性。

例 6.2.1 已知非线性方程组

$$f(x)=\begin{pmatrix} 3x_1-\cos(x_2x_3)-\dfrac{1}{2} \\ x_1^2-81(x_2+0.1)^2+\sin x_3+1.06 \\ e^{-x1x2}+20x_3+\dfrac{10\pi-3}{3} \end{pmatrix}=0 \qquad (6.2.1)$$

使用两个验证算法 6.2.1 和验证算法 6.2.2 对非线性方程组(6.2.1)位于点 $\tilde{x}$ 处进行验证。这个过程主要是验证方程组(6.2.1)点 $\tilde{x}$ 附近存在解，根据定理 6.1.1，借助 INTAB Matlab 函数命令

H = f(hessianinit(x))；isspa(H. hx)

可知此问题中涉及的非线性映射 f 在给定范围 $x\in\mathbf{IR}^n$ 上为 P 序压缩函数。首先利用牛顿迭代法对非线性方程点 $\tilde{x}$(4－1) 进行求解。得到满足运算精度的数值解

$$\tilde{x}=\begin{pmatrix} 0.248\,738\,928\,475\,663 \\ -0.100\,374\,658\,674\,862 \\ -0.573\,957\,566\,873\,457 \end{pmatrix}\in\mathbf{R}^3$$

两种算法的运算结果和 CPU 的运算时间在表 6.2.1 中展示。

表 6.2.1　数值实验结果

	解的闭包含	时间 /s
算法 1	$XX1:=\begin{cases}[0.50210003404958,\ 0.493827465875587]\\[-0.00210003330000,\ 0.010003334824795]\\[-0.50038374653948,\ -0.49376857857685]\end{cases}$	$t_1=0.0321475$
算法 2	$XX2:=\begin{cases}[0.52948476574565,\ 0.4900999999948]\\[-0.0000000228744,\ 0.000000000291746]\\[-0.4986700038286,\ -0.5100004783756]\end{cases}$	$t_2=0.0498575$

表中符号 XX1 和 XX2 分别表示验证算法 6.2.1 和算法 6.2.2 得到解的存在区间，符号 t_1，t_2 表示验证算法 6.2.1 和算法 6.2.2 的 CPU 运算时间。后面在展示例子中各维非线性方程组的有关数值实验结果时，各类数值实验结果所用的表示符号同上。除此之外，由于有些问题中涉及的各维非线性方程组的数量计算较大，无法完全展示表格中所需的数据，考虑采用最大相对误差来就验证算法算法 6.2.1 和算法 6.2.2 得出解的包含区间之间的关系进行说明。从表中我们不难发现，$XX_1 \subseteq XX_2$ 和 $t_1 < t_2$。利用序区间算子可信验证方法能够有效地缩短运算时，同时得到更窄的解的闭包含。

定义 6.2.1　任取 $\boldsymbol{x} \in \mathbf{IR}$，称

$$\mathrm{relerr}(\boldsymbol{x}):=\begin{cases}\mathrm{rad}\boldsymbol{x}/|\mathrm{mid}\boldsymbol{x}|, & \text{若 } 0 \notin \boldsymbol{x}\\ \mathrm{rad}\boldsymbol{x}, & \text{其他形式}\end{cases}$$

为 $\boldsymbol{x}$ 的相对误差。任取区间向量 $\boldsymbol{x} \in \mathbf{IR}^n$ 称

$$\mathrm{mrelerr}(\boldsymbol{x})=\max_i\{\mathrm{relerr}(\boldsymbol{x}_i)\}$$

为 $\boldsymbol{x}$ 的最大相对误差。

接下来，我们针对一个具有应用背景的实际问题进行数值实验。

例 6.2.2　已知两点边值问题

$$\begin{cases}3\ddot{y}y+\dot{y}^2=0\\ y(0)=0,\ y(1)=20\end{cases} \tag{6.2.2}$$

可以看出一元函数 $y=20x^{0.75}$ 是两点边值问题的解析解。此方程可以整

理成如下的离散形式：

$$\begin{cases} f_k(y) = 3y_k(y_{k+1} - 2y_k + y_{k-1}) + \left(\dfrac{y_{k+1} - y_{k-1}}{2}\right)^2 = 0,\ 1 \leqslant k \leqslant n \\ y_0 = 0,\ y_{n+1} = 20 \end{cases} \tag{6.2.3}$$

根据定理 6.1.1，借助 INTLAB Matlab 函数命令

H = f(hessianinit(x))；isspa(H. hx)

可知此问题中涉及的非线性映射 f 在给定范围 $\boldsymbol{x} \in \mathbf{IR}^n$ 上为 P 序压缩函数。我们选取区间[0，20] 内的 $n+1$ 等分节点组成的 n 维实向量作为计算非线性方程组(6.2.3) 数值解的初始迭代向量，依据实验步骤进行操作。维度分别为 50，100，200，500，1 000，2 000 的上述非线性方程组(6.2.3) 通过两种算法得到的实验结果和 CPU 运算时间以及 mrelerr($\boldsymbol{x}$) 均在表 6.2.2 中展示。

表 6.2.2　数值实验结果

Dim	算法 6.2.1 对应的运算时间 t_1/s	算法 6.2.2 对应的运算时间 t_2/s	t_2：t_1	mrelerr($\boldsymbol{x}$)
50	0.057 368	0.074 267	1.021 6	3.123×10^{-16}
100	0.059 646	0.064 643	1.125 6	3.426×10^{-16}
200	0.063 782	0.085 735	1.362 3	3.587×10^{-16}
500	0.099 753	0.147 934	1.268 5	4.865×10^{-16}
1 000	0.196 424	0.236 854	1.326 4	4.254×10^{-16}
2 000	0.536 485	0.747 754	1.469 7	4.479×10^{-16}

例 6.2.3 已知微分方程初值问题

$$u''(t) = \frac{1}{2}(u(t) + t + 1)^2,\ 0 < t < 1,\ u(0) = u(1) = 0$$

研究其如下离散形式：

$$\begin{cases} f_k(u) = u_{k+1} - 2u_k + u_{k-1} - \dfrac{1}{2}h^2(u_k + t_k + 1)^3 = 0,\ 1 \leqslant k \leqslant n \\ u_0 = u_{n+1} = 0,\ t_k = k \cdot h;\ h = (n+1)^{-1} \end{cases} \tag{6.2.4}$$

其中 $u_k = u(t_k)$，$k=1, 2, \cdots, n$.

根据定理 6.1.1，借助 INTLAB/Matlab 函数命令

H = f(hessianinit(x))；isspa(H.hx)

可知此问题中涉及的非线性映射 f 在给定范围 $\boldsymbol{x} \in \mathbf{IR}^n$ 上为 P 序压缩函数。我们取 $u \equiv (\xi_i) \in \mathbf{R}^n$，$\xi_i = t_i(t_i - 1)$，$1 \leqslant i \leqslant n$ 作为计算非线性方程组(6.2.4)数值解的初始迭代向量，依据实验步骤进行操作。维度分别为 50，100，200，500，1 000，2 000 的上述非线性方程组(6.2.4)，通过两种算法得到的实验结果和 CPU 运算时间以及 mreleer($\boldsymbol{x}$) 均在表 6.2.3 中展示。

表 6.2.3 数值实验结果

Dim	算法 6.2.1 对应的运算时间 t_1/s	算法 6.2.2 对应的运算时间 t_2/s	$t_2 : t_1$	mrelerr($\boldsymbol{x}$)
50	0.603 857	0.657 387	1.124 35	1.857×10^{-15}
100	1.131 874	1.478 277	1.341 62	2.385×10^{-15}
200	2.892 422	3.316 846	1.216 95	8.153×10^{-15}
500	6.346 754	7.057 474	1.175 32	8.790×10^{-15}
1 000	13.7637 57	14.367 657	1.286 54	4.387×10^{-14}
2 000	21.754 875	29.476 436	1.345 32	8.523×10^{-14}

例 6.2.4 已知积分方程

$$\bar{u}(t) + \int_0^1 H(s, t)(\bar{u}(s) + s + 1)^2 \mathrm{d}s = 0,$$

其中

$$H(s, t) = \begin{cases} s(1-t), & s \leqslant t \\ t(1-s), & s > t \end{cases}$$

其离散形式如下：

$$\begin{cases} f_k(u) \equiv u_k + \dfrac{1}{2}\Big[(1-t_k)\sum\limits_{j=1}^{k} t_j(u_j + t_j + 1)^3 + \\ \qquad t_k \sum\limits_{j=k+1}^{k}(1-t_j)(u_j + t_j + 1)^3\Big] = 0 \\ u_0 = u_{n+1} = 0, \ t_j = j \cdot h; \ h = (n+1)^{-1} \end{cases} \tag{6.2.5}$$

其中 $u_k=\bar{u}(t_k)$，$1\leqslant k\leqslant n$。

根据定理 6.1.1，借助 INTLAB/Matlab 函数命令

$$H=f(hessianinit(x));\ isspa(H.hx)$$

可知此问题中涉及的非线性映射 f 在给定范围 $\boldsymbol{x}\in\mathbf{IR}^n$ 上为 P 序压缩函数。选取 $u_i=t_i(t_i-1)$，$1\leqslant i\leqslant n$ 组成的 n 维实向量作为计算非线性方程组(6.2.5)数值解的初始迭代向量，依据实验步骤进行操作。维度分别为 10，20，50，100 的上述非线性方程组(6.2.5)通过两种算法得到的实验结果和 CPU 运算时间以及 mrelerr($\boldsymbol{x}$) 均在表 6.2.4 中展示。

表 6.2.4　数值实验结果

Dim	算法 1 对应的运算时间 t_1/s	算法 2 对应的运算时间 t_2/s	t_2：t_1	mrelerr($\boldsymbol{x}$)
10	0.857 394	0.872 856	1.258 745	4.7×10^{-15}
20	3.048 378	3.387 676	1.027 896	1.7×10^{-14}
50	17.647 589 3	22.467 856 7	1.237 853	2.3×10^{-13}
100	78.345 775 46	106.239 976	1.432 671	9.1×10^{-13}

6.3　结论

本章研究了一类特殊的非线性方程组，即具有 P 序压缩函数类的可信验证问题，建立了切实可行的算法并进行了验证。下面总结本章的主要工作。

(1) 首先定义序凸函数。已知映射 $f:D\subseteq\mathbf{R}^n\rightarrow\mathbf{R}^n$ 二阶可导，如果 $\forall x\in D$，$f''_i(x)\in\mathbf{R}^{m\times n}$，$i=1,2,\cdots,n$ 对称正定，那么则称函数 f 为 D 上的序凸函数，则有 $f\in(\partial D)$，其中 $f(x)=(x_1(x),f_2(x)\cdots,f_n(x))^{\mathrm{T}}$，$\partial_0(D)$ 为序凸函数类. 借助 Brouwer 不动点定理构造了适用于此函数区间算子 N。通过研究区间算子的性质，即 $f\in(\partial D)$，且 f 在 D 上连续，$x\in D$，如果 $N(\boldsymbol{x})\subseteq\boldsymbol{x}$ 则方程组 $f(x)=0$ 在 $\boldsymbol{x}$ 上一定有解。

造序区间算子。已知函数 $f:D\subseteq\mathbf{R}^n\rightarrow\mathbf{R}^n$，且 $f\in(\partial D)$，定义算子 N，

当其作用于任意 $u \in D$，则有 $Nu = u - Pf(u)$，$\forall u \in \boldsymbol{x} = [\underline{x}, \overline{x}] \subseteq D$ 将映射

$$N(\boldsymbol{x}) = [N\underline{x}, N\overline{x}], \ \forall \boldsymbol{x} \in D$$

称为序区间向量 $\boldsymbol{x}$ 上的序区间算子。

(2) 建立序凸函数解的可信验证方法即序区间算子存在性定理。已知函数 $f: D \subseteq \mathbf{R}^n \to \mathbf{R}^n$ 连续，且 $f \in (\partial D)$，若存在序区间向量 $\boldsymbol{x} \in D$ 使

$$N(\boldsymbol{x}) \subseteq \boldsymbol{x}$$

成立。则方程组 $f(x)=0$ 在 $\boldsymbol{x}$ 上一定有解。即 $x^* \in \boldsymbol{x}$，使 $f(x^*)=0$，其中 $N(\boldsymbol{x}) = [N\underline{x}, N\overline{x}]$。

(3) 我们利用 INTLAB/Matlab 软件给出了序区间算子存在性定理与传统 Rump 存在性定理的算法实现程序，应用序凸压缩函数的非线性方程组的可信验证方法解决了几个有一定应用背景的数值问题，并将两种方法得到的结果进行对比。在运算时间、解的闭包含宽度和最大相对误差几个维度上，说明序区间算子存在性定理的计算代价更小，可以更好地节约计算成本，解的闭包含更窄，要优于传统方法。

第 7 章　结论与展望

在前人研究成果的基础上，本书对代数方程组解的可信验证方法的建立与实现进行了全面的总结和深入的研究。下面总结本书的主要工作，并展望以后可能的研究方向。

所做的主要工作有：

(1) 对当前用于检验非线性方程组(1.2.7) 解存在的最为基本最为实用的验证算法 3.1.1 作了有效的改进。

首先利用$R=(\mathrm{mid}J_f(\tilde{x}+\boldsymbol{x}))^{-1}$和区间量$\boldsymbol{x}$，$J_f(\tilde{x}+\boldsymbol{x})$的中点半径表示形式

$$\boldsymbol{x}=\mathrm{mid}\ \boldsymbol{x}+\mathrm{rad}\ \boldsymbol{x}[-1,\ 1]=\mathrm{mid}\ \boldsymbol{x}+\frac{1}{2}\mathrm{wid}\boldsymbol{x}[-1,\ 1]$$

和

$$J_f(\tilde{x}+\boldsymbol{x})=\mathrm{mid}J_f(\tilde{x}+\boldsymbol{x})+\frac{1}{2}\mathrm{wid}J_f(\tilde{x}+\boldsymbol{x})[-1,\ 1]$$

给出了区间算子$s(\boldsymbol{x},\ \tilde{x})$[式(3.1.2)] 的另一种具体形式$S_{\mathrm{H}}(\boldsymbol{x},\ \tilde{x})$[式(3.2.3)]。相对于区间算子$S(\boldsymbol{x},\ \tilde{x})$[式(3.1.2)] 的$S_{\mathrm{R}}(\boldsymbol{x},\ \tilde{x})$(3.2.1) 形式，形式$S_{\mathrm{H}}(\boldsymbol{x},\ \tilde{x})$[式(3.2.3)] 不仅减少了计算量，而且在一些附加条件下，还有包含关系$S_{\mathrm{H}}(\boldsymbol{x},\ \tilde{x})\subseteq S_{\mathrm{R}}(\boldsymbol{x},\ \tilde{x})$成立，其中$\hat{x}\in\mathbf{R}^n$为方程组(1.2.7) 的非奇异解或单根，即雅可比矩阵$J_f(\tilde{x}+\boldsymbol{x})$非奇异. 然后在验证算法 3.1.1 的基础上，我们利用区间算子$S(x,\ \tilde{x})$(3.1.2) 的$S_{\mathrm{H}}(\boldsymbol{x},\ \tilde{x})$[式(3.2.3)] 形式和解存在性定理 3.1.2 给出了改进验证算法 3.3.1。

和原验证算法 3.1.1 相比，理论分析和数值结果都表明，改进验证算法 3.3.1 不仅节约了验证时间，而且就某类特殊的非线性方程组(1.2.7)，还可以给出宽度更窄(或至少相同)的解的闭包含。实际上，我们通过观察大量数值例子的实验结果后发现，验证算法 3.3.1 的第二个优点并不是只发生在某类特殊的非线性方程组(1.2.7)，似乎也在更一般的非线性方程组(1.2.7)上发生。

(2) 首次给出了应用 Kantorovich 存在定理验证非线性方程组(1.2.7)解存在的具体算法实现程序。

因为应用 Kantorovich 存在定理验证方程组(1.2.7)解存在的难点是计算 Lipschitz 条件(4.1.1)中的常系数 k，所以为了解决这一难题，我们首先根据多元分析理论和矩阵理论，并借助张量表示法给出了一个可用于计算 Lipschitz 常系数 k 的具体表达式(4.2.1)。然后在理论研究的基础上，我们利用 INTLAB/Matlab 软件给出了应用 Kantorovich 存在定理验证非线性方程组(1.2.7)解存在的具体算法实现程序，即算法 4.3.1 和 4.3.2。

相对于流行的 Rump 型验证算法(即算法 3.1.1 和 3.3.1)，理论分析和数值实验均表明，我们的 Kantorovich 型验证算法(即算法 4.3.1 和 4.3.2)具有以下两方面的优势：一是该验证算法对初值的精度要求不高，即该验证法使用精度较低的初值就能验证成功；二是该验证算法具有承袭性，即在验证过程中，如果是因为初值精度低导致验证失败，需要通过提高初值精度再次进行验证时，该验证算法在新的验证步中可以利用上个验证步中的部分运算结果以降低运算量，从而达到减少验证时间的目的。

(3) 利用当前已有的可信验证成果和成熟的数值算法对鞍点线性方程组(2.2.1)解的可信验证方法式(5.1.10)作了有效改进。

针对现有可信验证方法式(5.1.10)因量 $\|(BB^{\mathrm{T}})^{-1}\|_\infty$ 和数值矩阵 $\widetilde{A}^{-1}$ 的使用而存在的缺陷，我们首先利用数学结论式(5.1.8)和式(5.1.11)建立了新的可信验证方法式(5.1.12)。然后借助 INTLAB/Matlab 软件给出了新验证方法(5.1.12)的具体算法实现程序，即算法 5.3.2。

理论结果

$$\max\{\|A^{-1}\|_2,\ \|A\|_\infty\|(BB^{\mathrm{T}})^{-1}\|_2\}$$

$$\leqslant \max\{\|A^{-1}\|_\infty, \|A\|_\infty\|(BB^T)^{-1}\|_\infty\}$$

和数值结果均表明，改进后的可信验证方法式(5.1.12)不仅耗费的计算时间比原可信验证方法式(5.1.10)的少，而且给出的解的误差界也比可信验证方法式(5.1.10)的小。另外，有关理论分析和数值结果还表明，可信验证方法式(5.1.12)对于更大维数的鞍点线性方程组式(2.2.1)仍然有效，所以可信验证方法式(5.1.12)的适用范围要比可信验证方法式(5.1.10)的广泛。

(4) 利用鞍点矩阵 H 的特有结构和特殊性质以及矩阵基本理论，给出了界估计式(5.1.6)的另一种证明方法。与原证明法相比，新证明方法更简单明了。

(5) 针对实际应用背景广泛的序凸函数型非线性方程组(1.2.7)，根据其特有性质，提出了计算量小、计算结果区间更窄的可信验证方法。

将来需要考虑的问题有：

(1) 非线性方程组(1.2.7)奇异解的可信验证。因为对输入初值作任意微小扰动，都可能导致方程组(1.2.7)的一个孤立奇异解变成一族单根，因此研究非线性方程组(1.2.7)奇异解存在性的验证具有重要的理论意义和应用价值，同时也是一个极具挑战性的难题。

(2) 系数矩阵为 $H=\begin{pmatrix} A & C^T \\ B & 0 \end{pmatrix}$ 的广义线性鞍点问题的可信验证，其中 $A \in \mathbf{R}^{n\times n}$，$B$，$C \in \mathbf{R}^{n\times n}$，且 $C \neq B$。

(3) 其他具特殊性质、特殊结构的方程组的可信验证方法。

(4) 已建立的经典可信验证方法的实际应用。

参考文献

[1] RUMP S M. Verification methods for dense and sparse systems of equations[C]// HERZBERGER J. Topics in Validated Computations-Studies in Computational Mathematics. Amsterdam: Elsevier, 1994: 63-136.

[2] GALIAS Z, ZGLICZYSKI P. Computer assisted proof of chaos in the Lorenz equations [J]. Physica D: Nonlinear Phenomena, 1998, 115(3-4): 165-188.

[3] SMALE S. Mathematical problems for the next century[J]. The Mathematical Intelligencer, 1998, 20(2): 7-15.

[4] SZPIRO GG, SIGMUND K. Kepler's conjecture: How some of the greatest minds in history helped solve one of the oldest math problems in the world[J]. The Mathematical Intelligencer, 2004, 26(1): 66-67.

[5] HALES T C. A proof of the Kepler conjecture[J]. Annals of Mathematics, 2005, 162 (3): 1065-1185.

[6] RUMP S M. Kleinefehlerschranken bei matrixproblemen[D]. Karlsruhe: Universitt Karlsruhe, 1980.

[7] HADAMARD J. Sur les problmes aux drives partielles et leur signification physique[J]. Princeton university bulletin, 1902, 28(13): 49-52.

[8] HASSJ, HUTCHINGS M, SCHLAFLY R. The double bubble conjecture[J]. Electronic Research Announcements of the American Mathematical Society, 1995, 1 (3): 98-102.

[9] HUTCHINGS M, MORGAN F, RITOR M, et al. Proof of the double bubble conjecture [J]. Electron. Res. Announc. Amer. Math. Soc, 2000, 6(6): 45-49.

[10] NEUMAIER A, RAGE T. Rigorous chaos verification in discrete dynamical systems

[J]. Physica D: Nonlinear Phenomena, 1993, 67(4): 327-346.

[11] ECKMANN JP, KOCH H, WITTWERP. A computer-assisted proof of universality for area-preserving maps: volume 289 [M]. Rhode Island: American Mathematical Soc., 1984.

[12] BROWN B, MCCORMACK D, ZETTL A. On a computer assisted proof of the existence of eigenvalues below the essential spectrum of the Sturm-Liouville problem [J]. Journal of Computational and Applied Mathematics, 2000, 125(1-2): 385-393.

[13] EINARSSON B. Accuracy and reliability inscientific computing[M]. Philadelphia: SIAM, 2005.

[14] MEYER K R, SCHMIDT D S. Computer aided proofs in analysis: volume 28[M]. New York: Springer Science & Business Media, 2012.

[15] FROMMER A. Proving conjectures by use of interval arithmetic[M]//Perspectives on Enclosure Methods. Vienna: Springer, 2001: 1-12.

[16] DAUMAS M, MELQUIOND G, MUNOZ C. Guaranteed proofs using interval arithmetic[C]//17th IEEE Symposium on Computer Arithmetic (ARITH'05). Cape Cod: IEEE, 2005: 188-195.

[17] HLZL J. Proving real-valued inequalities by computation inisabelle/HOL[D]. Mnchen: Technische Universitt Mnchen, 2009.

[18] BERTOT Y, CASTRAN P. Interactive theorem proving and program development: Coq'art: the calculus of inductive constructions[M]. New York: Springer Science & Business Media, 2013.

[19] TUCKER W. A rigorous ODE solver and smale's 14th problem[J]. Foundations of Computational Mathematics, 2002, 2(1): 53-117.

[20] YOUNG R C. The algebra of many-valued quantities[J]. Mathematische Annalen, 1931, 104(1): 260-290.

[21] DWYER P S. Linear computations[M]. New York: John Wiley and Sons, 1951.

[22] WARMUS M. Calculus of approximations[J]. Bulletin de l'Academie Polonaise de Sciences, 1956, 4(5): 253-257.

[23] SUNAGA T. Geometry of numerals[D]. Tokyo: University of Tokyo, 1956.

[24] SUNAGA T. Theory of an interval algebra and its application to numerical analysis [J]. RAAG memoIRs, 1958, 2: 29-46.

[25] MOORE R E. Interval arithmetic and automatic error analysis in digital computing [D]. Palo Alto：Stanford University，1962.

[26] MOORE R E. Interval analysis[M]. Englewood Clifs，NJ：Prentice-Hall，1966.

[27] HANSEN E，SMITH R. Interval arithmetic in matrix computations，part Ⅱ [J]. SIAM Journal on Numerical Analysis，1967，4(1)：1-9.

[28] KRAWCZYK R. Newton-algorithmen zur bestimmung von nullstellen mit fehler-schranken[J]. Computing，1969，4(3)：187-201.

[29] ALEFELD G，HERZBERGER J. Einfhrung indie intervallrechnung[M]. New York：Academic Press，1983.

[30] MOORE R E. A test for existence of solutions to nonlinear systems[J]. SIAM Journal on Numerical Analysis，1977，14(4)：611-615.

[31] TODD M J. The computation of fixed points and applications：volume 124[M]. New York：Springer Science & Business Media，2013.

[32] RUMP S M. Intlab-interval laboratory[M]//CSENDEST. Developments in reliable computing. Dordrecht：Kluwer Academic Publishers，1999：77-104.

[33] KEARFOTT R B，DAWANDE M，DU K，et al. Algorithm 737：INTLIB-a portable fortran 77 interval standard-function library[J]. ACM Transactions on Mathemati-cal Software (TOMS)，1994，20(4)：447-459.

[34] BLEHER J H，ROEDER A，RUMP S M. Acrith：High-accuracy arithmetic an advanced tool for numerical computation[C]//1985 IEEE 7th Symposium on Computer Arithmetic (ARITH). Urbana：IEEE，1985：318-321.

[35] KNPPEL O. Profil/bias：a fast interval library[J]. Computing，1994，53(3-4)：277-287.

[36] KLATTE R，KULISCH U，WIETHOFF A，et al. C-XSC：a C++ class library for extended scientific computing [M]. New York：Springer Science & Business Media，2012.

[37] RUMP S. Solving algebraic problems with high accuracy[M]//KULISCH U，MI-RANKER W. A new approach toscientific computation. New York：Academic Press，1983：51-120.

[38] RUMP S M. Validated solution of large linear systems[M]//ValidationNumerics. Vienna：Springer，1993：191-212.

[39] RUMP S M. Verification methods: Rigorous results using floating-point arithmetic [J]. Acta Numerica, 2010, 19: 287-449.

[40] NEUMAIER A. A simple derivation of the Hansen-Bliek-Rohn-Ning-Kearfottenclo-Sure for linear interval equations[J]. Reliable Computing, 1999, 5(2): 131-136.

[41] OGITA T, OISHI S, USHIRO Y. Fast verification of solutions for sparse monotone matrix equations [M]//Topics in Numerical Analysis. Vienna: Springer, 2001: 175-187.

[42] WATANABE Y, YAMAMOTO N, NAKAO M T. A numerical verification method of solutions for the Navier-Stokes equations[M]//Developments in reliable computing. Dordrecht: Springer, 1999: 347-357.

[43] CHEN X, HASHIMOTO K. Numerical validation of solutions of saddle point matrix equations[J]. Numerical Linear Algebra with Applications, 2003, 10(7): 661-672.

[44] KIMURA T, CHEN X. Validated solutions of saddle point linear systems[J]. SIAM Journal on Matrix Analysis and Applications, 2009, 30(4): 1697-1708.

[45] MIYAJIMA S. A sharp error bound of the approximate solutions for saddle point linear systems[J]. Journal of Computational and Applied Mathematics, 2015, 277: 36-46.

[46] OISHI S, RUMP S M. Fast verification of solutions of matrix equations[J]. Numerische Mathematik, 2002, 90(4): 755-773.

[47] MOORE R E. A computational test for convergence of iterative methods for non-linear systems[J]. SIAM Journal on Numerical Analysis, 1978, 15(6): 1194-1196.

[48] CHEN X, WOMERSLEY R S. Existence of solutions to systems of under deter-mined equations and spherical designs[J]. SIAM Journal on Numerical Analysis, 2006, 44(6): 2326-2341.

[49] CHEN X, FROMMER A, LANG B. Computational existence proofs for spherical t-designs[J]. Numerische Mathematik, 2011, 117(2): 289-305.

[50] YANG Z, ZHI L, ZHU Y. Verified error bounds for real solutions of positive-dimensional polynomial systems[C]//Proceedings of the 38th International Symposium on Symbolic and Algebraic Computation. Boston: ACM, 2013: 371-378.

[51] RUMP S M, OISHI S. Verified error bounds for double roots of nonlinear equations [J]. Institute for Reliable Computing, Hamburg University of Technology, Hamburg, 2009, 21071.

[52] RUMP S M, GRAILLAT S. Verified error bounds for multiple roots of systems of nonlinear equations[J]. Numerical Algorithms, 2010, 54(3): 359-377.

[53] LI N, ZHI L. Verified error bounds for isolated singular solutions of polynomial systems: case of breadth one[J]. Theoretical Computer Science, 2013, 479: 163- 173.

[54] LI N, ZHI L. Verified error bounds for isolated singular solutions of polynomial systems[J]. SIAM Journal on Numerical Analysis, 2014, 52(4): 1623-1640.

[55] LI Z, SANG H. Verified error bounds for singular solutions of nonlinear systems [J]. Numerical Algorithms, 2015, 70(2): 309-331.

[56] FROMMER A, HASHEMI B. Verified computation of square roots of a matrix[J]. SIAM Journal on Matrix Analysis and Applications, 2009, 31(3): 1279-1302.

[57] HAQIRI T, POLONI F. Methods forverified stabilizing solutions to continuous-time algebraic riccati equations[J]. Journal of Computational and Applied Mathematics, 2017, 313: 515-535.

[58] SMALE S. The fundamental theorem of algebra and complexity theory[J]. Bulletin of the American Mathematical Society, 1981, 4(1): 1-36.

[59] SHUB M, SMALE S. Computational complexity: on the geometry of polynomials and a theory of cost. Ⅰ[J]. Annales scientifiques de l'Ecole Normale Suprieure, 1985, 18(1): 107-142.

[60] SHUB M, SMALE S. Computational complexity: On the geometry of polynomials and a theory of cost. Ⅱ[J]. SIAM Journal on Computing, 1986, 15(1): 145-161.

[61] GIUSTIM, LECERFG, SALVY B, et al. On location and approximation of clusters of zeros of analytic functions[J]. Foundations of Computational Mathematics, 2005, 5(3): 257-311.

[62] GIUSTIM, LECERFG, SALVY B, et al. On location and approximation of clusters of zeros: case of embedding dimension one [J]. Foundations of Computational Mathematics, 2007, 7(1): 1-58.

[63] KANTOROVICH L V. Functional analysis and applied mathematics[J]. Uspekhi Matematicheskikh Nauk, 1948, 3(6): 89-185.

[64] RALL L B. A comparison of the existence theorems of Kantorovich and Moore[J]. SIAM Journal on Numerical Analysis, 1980, 17(1): 148-161.

[65]沈祖和. 关于 Kantorovich 定理与 Moore 定理的等价性[J]. 计算数学, 1984(3):

319-323.

[66] NEUMAIER A，ZUHE S. Thekrawczyk operator and Kantorovich's theorem[J]. Journal of Mathematical Analysis and Applications，1990，149(2)：437-443.

[67] MANTZAFLARIS A，MOURRAIN B. Deflation and certified isolation of singular zeros of polynomial systems[C]//Proceedings of the 36th international symposium on Symbolic and algebraic computation. San Jose：ACM，2011：249-256.

[68]王德人，张连生，邓乃扬. 非线性方程的区间算法[M]. 上海：上海科学技术出版社，1987.

[69] MOORE R E，KEARFOTT R B，CLOUD M J. Introduction to interval analysis [M]. Philadelphia：SIAM，2009.

[70] KEARFOTT R B，NAKAO M T，NEUMAIER A，et al. Standardized notation in interval analysis[J]. Computational Technologies，2010，15(1)：7-13.

[71] MOORE R E，JONES S T. Safe starting regions for iterative methods[J]. SIAM Journal on Numerical Analysis，1977，14(6)：1051-1065.

[72] JONES S T. Locating safe starting regions for iterative methods：a heuristic algorithm [M]//Interval Mathematics 1980. Amsterdam：Elsevier，1980：377-386.

[73] HARGREAVES G I. Interval analysis inmatlab[D]. Manchester：University of Manchester，2002.

[74] BORNEMANN F，LAURIE D，WAGON S，et al. Thesiam 100-digit challenge：a study in high-accuracy numerical computing[M]. Philadelphia：SIAM，2004.

[75] TREFETHEN L N. Thesiam 100-dollar，100-digit challenge[J]. SIAM News，2002，35(6)：2.

[76] ZURAS D，COWLISHAW M，AIKEN A，et al. Ieee standard for floating-point arithmetic[J]. IEEE Std 754-2008，2008：1-70.

[77] RUMP S M. Rigorous and portable standard functions[J]. BIT Numerical Mathematics，2001，41(3)：540-562.

[78] PAYNE M H，HANEK RN. Radian reduction for trigonometric functions[J]. ACM SIGNUM Newsletter，1983，18(1)：19-24.

[79] NORBERT C B. Komplexe kreis-standardfunktionen[D]. Freiburg：Universitt Freiburg，1978.

[80] BRAUNE K D. Hochgenaue standardfunktionenfr reelle und komplexe punkteund

intervalle in beliebigengleitpunktrastern[D]. Karlsruhe：Universitt Karlsruhe，1987.

[81] KRMER W. Inversestandardfunktionenfr reelle und komplexe intervallargu-mente mit a priori fehlerabschtzungen fr beliebige datenformate [D]. Karlsruhe：Universitt Karlsruhe，1987.

[82] RALL L B. Automaticdiferentiation：Techniques and applications[C]//Lecture Notes in Computer Science 120. Berlin：Springer-Verlag，1981.

[83] CORLISS G，FAURE C，GRIEWANK A，et al. Automaticdiferentiation of algorithms：from simulation to optimization [M]. New York：Springer Science & Business Media，2002.

[84] GRIEWANK A. Amathematical view of automatic diferentiation[J]. ActaNumerica，2003，12：321-398.

[85] GLOWINSKIR，ODEN JT. Numerical methods for nonlinear variational problems [J]. Journal of Applied Mechanics，1985，52：739-740.

[86] BJRCK Å. Numerical methods for least squares problems [M]. Philadelphia：SIAM，1996.

[87] BAI Z，FAHEY G，GOLUB G. Some largescale matrix computation problems[J]. Journal of Computational and Applied Mathematics，1996，74(1-2)：71-89.

[88] 袁亚湘. 非线性规划数值方法[M]. 上海：上海科学技术出版社，1993.

[89] ANTONIOU A，LU W S. Practical optimization：algorithms and engineering applications[M]. New York：Springer Science & Business Media，2007.

[90] PERUGIA I，SIMONCINI V，ARIOLI M. Linear algebra methods in a mixed approximation of magnetostatic problems[J]. SIAM Journal onScientific Computing，1999，21(3)：1085-1101.

[91] CHEN Z，DU Q，ZOU J. Finite element methods with matching and nonmatching meshes for maxwell equations with discontinuouscoemcients [J]. SIAM Journal on Numerical Analysis，2000，37(5)：1542-1570.

[92] STRANG G，AARIKKA K. Introduction to applied mathematics [M]. Wellesley：Wellesley-Cambridge Press，1986.

[93] HALL E. Computer image processing and recognition [M]. Amsterdam：Elsevier，1979.

[94] LIESENJ，DE STURLER E，SHEFFER A，et al. Preconditioners for indefinite linear

systems arising in surface parameterization. [C]//Proc. 10th International Meshing Round Table. Sandia：Sandia National Laboratories，2001：71-81.

[95] BREZZI F，BATHE K. Studies of finite element procedures：the infsup condition，equivalent forms and applications[M]//Reliability of Methods for Engineering Analysis. Swansea：Pineridge Press，1986：197-219.

[96] BREZZI F，BATHE K J. A discourse on the stability conditions for mixedfinite element formulations[J]. Computer methods in applied mechanics and engineering，1990，82(1-3)：27-57.

[97] BENZI M，GOLUB G H，LIESEN J. Numerical solution of saddle point problems [J]. Actanumerica，2005，14：1-137.

[98] BROUWER L E. Beweis der invarianz der dimensionenzahl [J]. Mathematische Annalen，1911，70(2)：161-165.

[99] ABBOTT J P，BRENT R P. Fast local convergence with single and multistep methods for nonlinear equations[J]. The ANZIAM Journal，1975，19(2)：173-199.

[100] MOR JJ，COSNARD M Y. Numerical solution of nonlinear equations[J]. ACM Transactions on Mathematical Software (TOMS)，1979，5(1)：64-85.

[101] FLGGE W. Tensor analysis and continuum mechanics[M]. Berlin：Springer，1972.

[102] 冯果忱. 非线性方程组迭代解法[M]. 上海：上海科学技术出版社，1989.

[103] BRAMBLE J H，PASCIAK J E，VASSILEV A T. Analysis of the inexactuzawa algorithm for saddle point problems[J]. SIAM Journal on Numerical Analysis，1997，34(3)：1072-1092.

[104] CHEN X. Global and superlinear convergence of inexact Uzawa methods for saddle point problems with nondiferentiable mappings [J]. SIAM Journal on Numerical Analysis，1998，35(3)：1130-1148.

[105] ELMAN H C，GOLUB G H. Inexact and preconditioned Uzawa algorithms for saddle point problems[J]. SIAM Journal on Numerical Analysis，1994，31(6)：1645-1661.

[106] FLETCHER R，JOHNSON T. On the stability of null-space methods for KKT systems[J]. SIAM Journal on Matrix Analysis and Applications，1997，18(4)：938-958.

[107] ARIOLI M，BALDINI L. A backward error analysis of a null space algorithm in sparse quadratic programming [J]. SIAM Journal on Matrix Analysis and Applica-tions，

2001, 23(2): 425-442.

[108] BUNCH J R, PARLETT B N. Direct methods for solving symmetric indefinite systems of linear equations[J]. SIAM Journal on Numerical Analysis, 1971, 8(4): 639-655.

[109] KARAKASHIANOA. On Agalerkin-Lagrange multiplier method for the stationary Navier-Stokes equations[J]. SIAM Journal on Numerical Analysis, 1982, 19(5): 909-923.

[110] ELMAN H C. Multigrid and krylov subspace methods for the discrete stokes equations[J]. International Journal for Numerical Methods in Fiuids, 1996, 22(8): 755-770.

[111] GRAHAM I G, SPENCE A, VAINIKKO E. Parallel iterative methods for Navier-Stokes equations and application to eigenvalue computation[J]. Concurrency and Computation: Practice and Experience, 2003, 15(11-12): 1151-1168.

[112] BIROS G, GHATTAS O. Parallel Lagrange-Newton-Krylov-Schur methods for PDE-constrained optimization. part Ⅰ: the Krylov-Schur Solver[J]. SIAM Journal on Scientific Computing, 2005, 27(2): 687-713.

[113] GOLUB G H, GREIF C, VARAH J M. An algebraic analysis of a block diagonal preconditioner for saddle point systems[J]. SIAM Journal on Matrix Analysis and Applications, 2005, 27(3): 779-792.

[114] AXELSSON O, NEYTCHEVA M. Preconditioning methods for linear systems arising in constrained optimization problems[J]. Numerical linear algebra with ap- plications, 2003, 10(1-2): 3-31.

[115] BAI ZZ, GOLUB G H, PAN J Y. Preconditioned hermitian and skew-hermitian splitting methods for non-hermitian positive semidefinite linear systems[J]. Numerische Mathematik, 2004, 98(1): 1-32.

[116] BAI ZZ, GOLUB G H. Accelerated Hermitian and skew-Hermitian splitting iteration methods for saddle-point problems[J]. IMA Journal of Numerical Analysis, 2007, 27(1): 1-23.

[117] HU Q, ZOU J. An iterative method with variable relaxation parameters for saddle-point problems[J]. SIAM Journal on Matrix Analysis and Applications, 2001, 23(2): 317-338.

[118] BAI ZZ, LI G Q. Restrictively preconditioned conjugate gradient methods for systems of linear equations[J]. IMA journal of numerical analysis, 2003, 23(4): 561-580.

[119] HORN R A, HORN R A, JOHNSON C R. Topics in matrix analysis[M]. Cambridge: Cambridge university press, 1994.

[120] PEROZO N, AGUILAR J, TERÁN O, et al. A verification Method for Masoes [J]. IEEE Transactions on Cybernetics, 2012, 43(1): 64-76.

[121] WILSON R, SHAO J, STERN F. Discussion: Criticisms of the "correction factor" verification method [J]. J. Fluids Eng., 2004, 126(4): 704-706.

[122] HALES T C. A Proof of the Kepler Conjecture [J]. Annals of Mathematics, 2005: 1065-1185.

[123] HOLZMANN G J, SMITH M H. An automated aerification method for distributed systems software based on model extraction [J]. IEEE Transactions on Software Engineering, 2002, 28(4): 364-377.

[124] NIU P, NIU S, CHANG L, et al. The defect of the grey wolf optimization algorithm and its verification method [J]. Knowledge-Based Systems, 2019, 171: 37-43.